MATEMÁTICA COMPUTACIONAL: PRIMEIROS PASSOS COM O SCILAB™

inter
saberes

MATEMÁTICA COMPUTACIONAL: PRIMEIROS PASSOS COM O SCILAB™

Felipe Gabriel de Mello Elias

1ª edição

Rua Clara Vendramin, 58 – Mossunguê
CEP 81200-170 – Curitiba – PR – Brasil
Fone: (41) 2106-4170
www.intersaberes.com
editora@intersaberes.com

Conselho editorial
Dr. Alexandre Coutinho Pagliarini
Drª. Elena Godoy
Dr. Neri dos Santos
Mª. Maria Lúcia Prado Sabatella

Editora-chefe
Lindsay Azambuja

Gerente editorial
Ariadne Nunes Wenger

Assistente editorial
Daniela Viroli Pereira Pinto

Preparação de originais
Landmark Revisão de Textos

Edição de texto
Caroline Rabelo Gomes
Novotexto

Capa
Luana Machado Amaro (*design*)
Omelchenko/Shutterstock (imagens)

Projeto gráfico
Sílvio Gabriel Spannenberg

Adaptação do projeto gráfico
Kátia Priscila Irokawa

Diagramação
Andreia Rasmussen

Designer responsável
Luana Machado Amaro

Iconografia
Regina Claudia Cruz Prestes
Sandra Lopis da Silveira

Dados Internacionais de Catalogação na Publicação (CIP)
(Câmara Brasileira do Livro, SP, Brasil)

Elias, Felipe Gabriel de Mello
  Matemática computacional : primeiros passos com o SciLab™ / Felipe Gabriel de Mello Elias. -- Curitiba, PR : InterSaberes, 2024.

  Bibliografia.
  ISBN 978-85-227-0866-6

  1. Cálculos numéricos - Programas de computador 2. Matemática - Processamento de dados 3. Scilab (Programa de computador) I. Título.

23-177181   CDD-005.3

Índices para catálogo sistemático:

1. Scilab : Computadores : Programas : Processamento de dados   005.3

Cibele Maria Dias - Bibliotecária - CRB-8/9427

1ª edição, 2023.
Foi feito o depósito legal.

Informamos que é de inteira responsabilidade do autor a emissão de conceitos.

Nenhuma parte desta publicação poderá ser reproduzida por qualquer meio ou forma sem a prévia autorização da Editora InterSaberes.

A violação dos direitos autorais é crime estabelecido na Lei n. 9.610/1998 e punido pelo art. 184 do Código Penal.

Sumário

9   *Apresentação*

11 *Introdução*

15 *Como aproveitar ao máximo este livro*

21 Capítulo 1 – Conceitos básicos do SciLab™
21 1.1 Instalando o SciLab™
23 1.2 Tipografia utilizada neste livro
24 1.3 Ambiente do SciLab™
30 1.4 Funcionalidades básicas
31 1.5 Tipos de variáveis no SciLab™
36 1.6 Operadores aritméticos e lógicos
39 1.7 Vetores
41 1.8 Números especiais
43 1.9 Funções

55 Capítulo 2 – Matrizes e sistemas de equações no SciLab™
55 2.1 Matrizes
71 2.2 Sistemas de equações lineares
75 2.3 Autovalores e autovetores
76 2.4 Outros problemas de álgebra linear

81 Capítulo 3 – Estatística e programação no SciLab™
81 3.1 Estatística
91 3.2 Programação
98 3.3 Comandos de repetição
104 3.4 Estruturas de decisão condicional

115 Capítulo 4 – Outros comandos do SciLab™
116 4.1 Limites
117 4.2 Integração
120 4.3 Ajuste de curvas
124 4.4 Análise gráfica avançada
135 4.5 Gráficos em três dimensões

143 Capítulo 5 – Otimização no SciLab™
143 5.1 Introdução à programação linear
148 5.2 Programação linear
148 5.3 Programação linear em planilhas eletrônicas

159 Capítulo 6 – Matemática financeira no SciLab™
159 6.1 Conceitos básicos
161 6.2 Sistemas de financiamento e de amortização de dívidas
162 6.3 Matemática financeira
165 6.4 Introdução às planilhas eletrônicas
171 6.5 Juros simples e compostos no Calc
174 6.6 Gráficos do SciLab™ para matemática financeira
176 6.7 Módulos adicionais

181 *Considerações finais*

182 *Referências*

184 *Respostas*

197 *Sobre o autor*

*Para Ana Paula,
Penélope, Bernardo e Angelina,
com muito amor*

*Àquele que é capaz de fazer
infinitamente mais do que tudo
o que pedimos ou pensamos,
de acordo com o seu poder que
atua em nós.*
(Bíblia. Efésios, 2023, 3:20)

Apresentação

A matemática computacional é um ramo da matemática que tem se destacado cada vez mais em razão da facilidade, da rapidez e da robustez que os computadores pessoais proporcionam aos usuários.

O objetivo desta obra é oferecer aos estudantes um primeiro contato com o *software* SciLab™. Esse sistema computacional *open source* (de código aberto) permite que o leitor possa trabalhar com a matemática de forma a realizar diversos cálculos, além de manipulação de gráficos e matrizes, operações estatísticas, matemática financeira e criação de algoritmos de forma rápida. Nesse sentido, o conteúdo desta obra dedica-se a estudantes iniciantes no assunto e explora, por meio de diversos exemplos, os códigos que podem ser replicados para o entendimento do funcionamento desse programa.

Assim, no Capítulo 1 serão apresentados os conceitos iniciais do *software*, bem como seus componentes e suas funções principais. No Capítulo 2, o leitor poderá entender como o SciLab™ trata o tema de matrizes e relembrar diversos conhecimentos sobre o assunto para validar seus conhecimentos. No Capítulo 3, serão abordados dois temas de relevância para nosso estudo: estatística e programação. É um conteúdo vasto, com muitas informações para os estudantes absorverem e praticarem os cálculos repetindo os códigos no computador. No Capítulo 4, é introduzida a forma pela qual o SciLab™ pode resolver problemas de cálculo com limites, derivadas e integrais. O tema apresentado no Capítulo 5 é a programação linear, que será estudada tanto por meio do SciLab™ quanto de um *software* de planilhas eletrônicas. Por fim, no Capítulo 6, será apresentada a matemática financeira, assunto que é de extrema importância para os estudantes em suas vidas profissionais e pessoais.

Introdução

A matemática computacional é definida como uma subárea da matemática voltada para o estudo de problemas complexos por meio do uso de sistemas computacionais. Segundo De Sterck e Ulrich (2006, p. 5, tradução nossa, grifo do original):

> O objetivo da matemática computacional, simplificando, é encontrar ou desenvolver algoritmos que resolvam problemas matemáticos computacionalmente (ou seja, usando computadores). Em particular, desejamos que qualquer algoritmo que desenvolvamos cumpra quatro princípios ou propriedades:
> - **Precisão**. Um algoritmo preciso é capaz de retornar um resultado numericamente muito próximo do resultado correto ou analítico.
> - **Eficiência**. Um algoritmo eficiente é capaz de resolver rapidamente o problema matemático com recursos computacionais razoáveis.
> - **Robustez**. Um algoritmo robusto funciona para uma ampla variedade de entradas x.
> - **Estabilidade**. Um algoritmo estável não é sensível a pequenas mudanças na entrada x.

Esse campo de estudo tem sinergia com a ciência da computação e é usado por diversas áreas do conhecimento para a solução de problemas de elevada complexidade. A matemática computacional está ligada à própria história dos computadores pessoais. Na verdade, os processadores (também chamados de *microprocessadores* ou *núcleo dos computadores*), que surgiram na década de 1970, foram concebidos inicialmente para servir como o mecanismo principal de execução das calculadoras. A base de funcionamento dos processadores são os transistores, pequenas chaves eletrônicas que trabalham em dois estados: ligado e desligado. Com o passar do tempo, o desenvolvimento tecnológico permitiu a produção desse tipo de componente em larga escala e em dimensões cada vez menores, chegando, atualmente, até a casa dos nanômetros. Em 2023 (ano em que este livro está sendo escrito) é possível encontrar processadores contendo 20 bilhões de transistores.

Dessa forma, o poder computacional aumentou muito tanto em termos de rapidez quanto em eficiência. Como os transistores trabalham sempre com dois estados, todos os dados que são tratados pelo processador são convertidos em *bits* (um *bit* é uma quantidade de informação e apresenta dois estados: 0 ou 1 – também entendidos como *desligado* e *ligado*, respectivamente). Assim, quando vemos um computador ligado e executando diversas tarefas, ele está realizando milhões de operações em um curto espaço de tempo.

Todas essas operações, chamadas de *instruções*, são, na verdade, operações matemáticas realizadas pelo processador que manipulam os estados 0 ou 1 dos transistores.

A computação atual permite que tarefas variadas e muito complexas sejam executadas de forma extremamente rápida. Atividades como processamento de vídeos e músicas, edição de texto ou navegação na internet são executadas de forma quase rotineira pela humanidade. Além de tudo isso, o nível de computação atual também permite que possamos trabalhar com a matemática de forma muito mais dinâmica e rápida, por meio da execução de programas de computador que manipulam diversos valores, como matrizes, bem como realizar cálculos para resolver problemas que seriam impossíveis ou extremamente difíceis de serem realizados apenas com caneta e papel.

Portanto, o objetivo desta obra é apresentar aos estudantes a matemática computacional. Esse ramo da matemática é voltado para a aplicação das múltiplas áreas englobadas por essa disciplina e deve ser executado por meio de um sistema computacional. Muitos problemas matemáticos tratam de cálculos repetitivos, por exemplo, séries infinitas, integrais e trigonometria, entre outros[1]. Demais problemas podem ser resolvidos por meio de sequências de procedimentos como a fatoração LU[2] em matrizes, os problemas algébricos com múltiplas raízes, os cálculos envolvendo números complexos ou até mesmo as operações matemáticas com matrizes com centenas de elementos.

Muitos programas foram desenvolvidos para trabalhar com a matemática computacional. Nos últimos anos, temos visto uma quantidade grande de empresas dedicadas ao desenvolvimento desse tipo de *software*. Entre as organizações privadas podemos citar a Matworks© e a Wolfram©. A primeira comercializa o *software* Matlab™, e a segunda oferece alguns programas voltados à matemática, incluindo o Mathematica™ e o Alpha™. O Matlab™ é um conjunto (ou suíte) de *software* oferecido de forma modular. Seu componente básico disponibiliza um ambiente completo para o desenvolvimento de programas de computador voltados à resolução numérica e à manipulação de matrizes. O Mathematica™ é usado para a resolução algébrica de equações e a análise de matemática simbólica.

Além dos dois exemplos anteriores, existem diversos programas voltados à matemática computacional que são eficientes; no entanto, focaremos nossa atenção no *software* SciLab™, que foi criado por pesquisadores, em 1990, dentro do *campus* da *École* Nationale des Ponts et Chaussées (ENPC) e do Institut National de Recherche en Sciences et Technologies du Numérique (Inria), ambas instituições francesas. Em 2003, com o sucesso do *software*, foi formado um consórcio com o apoio de outras entidades acadêmicas que deu um maior suporte a ele. A quantidade de *downloads* e de usuários continuou a crescer, culminando, em 2010, na criação da SciLab™ Enterprises©, uma empresa para gerir o

---

1 Ver o livro de Thomas et al. (2002).
2 A fatoração LU é um processo de decomposição de matriz que resulta em duas matrizes triangulares. Ver o livro de Vergara (2017) para mais detalhes sobre o assunto.

desenvolvimento do programa e fornecer suporte para serviços profissionais. Em 2017, uma empresa chamada ESI© comprou a SciLab™ Enterprises©. Desde sua criação, o *software* é gratuito, e esse é um dos fatores que tornaram sua popularidade tão alta. O programa tem licença de código aberto do tipo General Public License (GPL[3]) e é poderoso para o desenvolvimento da matemática computacional. Por meio desse *software*, é possível executar desde operações simples até complexas, como matrizes, envolvendo milhares de elementos. Além disso, é possível realizar cálculos com integrais e derivadas (definidas ou não), gráficos, funções e algoritmos. O SciLab™ tem sido usado extensivamente em diversas áreas do conhecimento, como a ciência aeroespacial, a energia, a medicina, a engenharia e a educação. Isso é possível graças a bibliotecas específicas que são criadas separadamente do módulo principal do programa e podem ser adicionadas de acordo com a necessidade do usuário.

O SciLab™ é um *software* específico para matemática computacional e uma linguagem de programação de alto nível. Ele é construído de forma otimizada para a manipulação algébrica e o trabalho com matemática computacional e tem uma similaridade muito grande com o Matlab™. Essa semelhança permite que programadores possam escrever nas duas plataformas de forma muito parecida. Como será visto ao longo deste livro, uma das grandes vantagens do SciLab™ (assim como do Matlab™) é a manipulação de variáveis como matrizes, que permite um manejo otimizado de uma grande quantidade de dados. Sua linguagem de programação é do tipo interpretativa, o que significa que cada um de seus comandos é interpretado e imediatamente executado. O SciLab™ também trabalha de forma sequencial, executando os comandos em uma linha por vez. É importante destacar que é função do usuário entender a sintaxe da programação escolhida, que varia entre cada um dos tipos de *software* apresentados.

O SciLab™ contém dois ambientes básicos de programação: console e script (Scinotes). Além do *software* principal, é possível instalar pacotes adicionais para tarefas específicas, os quais são chamados de *Toolboxes* ("caixas de ferramentas", em inglês), que implementam mais funcionalidades e funções nativas à biblioteca original do programa.

O nome *SciLab*™ é formado pela junção das palavras *Science* ("ciência") e *Laboratory* ("laboratório"), e o *software* realmente permite que o usuário trabalhe com um laboratório em sua casa, realizando experiências e simulações em seu computador.

O uso de simulações tem sido adotado cada vez mais em razão das facilidades que os computadores atuais oferecem. Muitas vezes, trabalhar com dados reais não é algo

---

[3] General Public License (GPL) – ou, em português, "Licença Pública Geral" – é um modelo de licença para uso e manipulação de *software* do tipo de código aberto. Um programa coberto por esse tipo de licença é gratuito e permite que qualquer pessoa possa obter e desenvolver a programação interna (código-fonte aberto). No entanto, qualquer produto que for gerado após essa ação deve, obrigatoriamente, ser coberto por esse tipo de licença, ou seja, não pode ser explorado comercialmente.

trivial e, para testar determinado equipamento, peça ou teoria, a implementação real é muito custosa. Gastos relacionados à criação de um protótipo podem ser suprimidos se for possível a elaboração de um modelo de simulação. Em situações nas quais a pesquisa causa impactos no estado físico e na cognição humana, não é sensato realizar testes diretamente em um indivíduo, pois é preciso observar-se a integridade física dele. Dessa forma, é razoável desenvolver esquemas que trabalhem com simulações, pois eles preservam a vida e reduzem os riscos. Um exemplo desse tipo de situação é a criação de modelos computacionais de aeronaves. Primeiramente, é desenvolvido um protótipo em computador e, depois de muitas análises e muitos retrabalhos, um protótipo físico é criado, com o qual um novo ciclo de testes é realizado, para, só depois, ser desenvolvida a versão final do objeto.

Os computadores atuais têm alto poder de processamento, executando milhões de operações por segundo, e um custo relativamente pequeno. Dessa forma, é possível gerar um programa de computador que simule os objetos a serem testados em um ambiente também criado de forma sintética. Milhares de dados são gerados para imitar o cenário em que o objeto em teste deve ser inserido. Na sequência, esse objeto é emulado, ou seja, suas propriedades são modeladas matematicamente em um computador. Diversos programas são desenvolvidos para criar um ambiente virtual de simulação que forneça dados aleatórios que apresentem elevado grau de similaridade com os dados reais com baixo custo.

O SciLab™ tem uma documentação extensa disponível de forma gratuita por meio de seu *site*[4]. Nele, o usuário é convidado a explorar o ambiente para descobrir mais detalhes sobre o *software* computacional e analisar todas as funcionalidades disponíveis. Esse *site* é um manual de referência e está sempre em atualização.

Como você percebeu, o SciLab™ é um *software* que permite que sejam realizadas simulações computacionais trabalhando-se com valores numéricos. Nesta obra, iremos conhecer mais sobre esse programa que emprega a linguagem matemática de forma tão eficiente e prática.

---

4 Disponível em: <https://help.scilab.org/index>. Acesso em: 9 set. 2023.

Como aproveitar ao máximo este livro

Empregamos nesta obra recursos que visam enriquecer seu aprendizado, facilitar a compreensão dos conteúdos e tornar a leitura mais dinâmica. Conheça a seguir cada uma dessas ferramentas e saiba como elas estão distribuídas no decorrer deste livro para bem aproveitá-las.

Conteúdos do capítulo:
Logo na abertura do capítulo, relacionamos os conteúdos que nele serão abordados.

Após o estudo deste capítulo, você será capaz de:
Antes de iniciarmos nossa abordagem, listamos as habilidades trabalhadas no capítulo e os conhecimentos que você assimilará no decorrer do texto.

Para saber mais
Sugerimos a leitura de diferentes conteúdos digitais e impressos para que você aprofunde sua aprendizagem e siga buscando conhecimento.

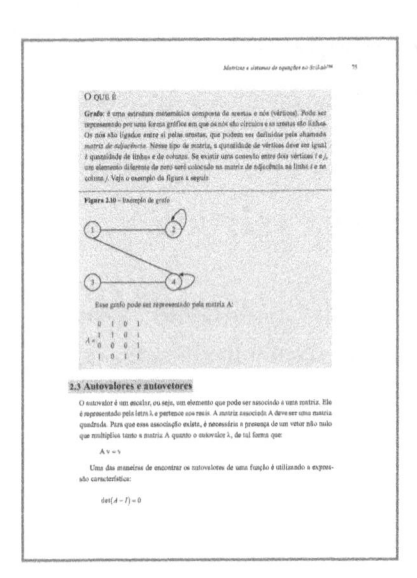

O QUE É

Nesta seção, destacamos definições e conceitos elementares para a compreensão dos tópicos do capítulo.

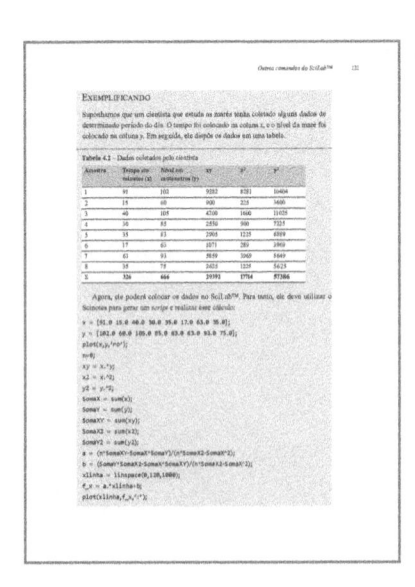

EXEMPLIFICANDO

Disponibilizamos, nesta seção, exemplos para ilustrar conceitos e operações descritos ao longo do capítulo a fim de demonstrar como as noções de análise podem ser aplicadas.

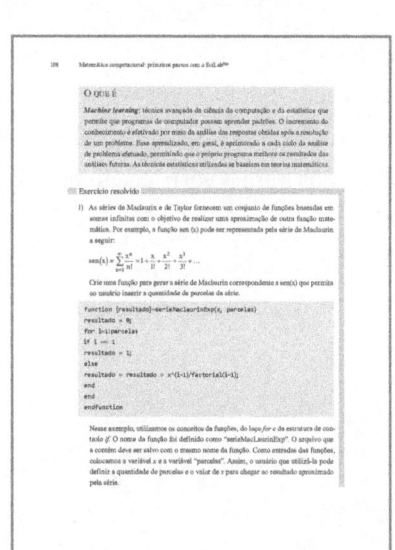

Exercícios resolvidos

Nesta seção, você acompanhará passo a passo a resolução de alguns problemas complexos que envolvem os assuntos trabalhados no capítulo.

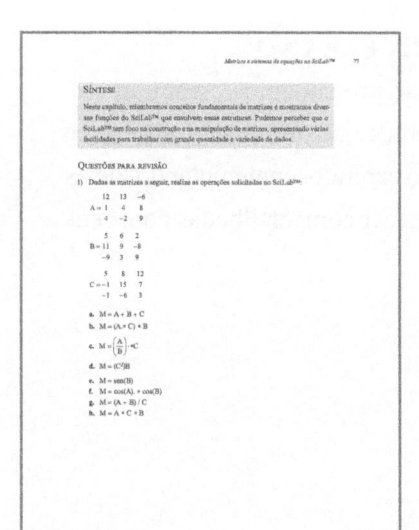

Síntese

Ao final de cada capítulo, relacionamos as principais informações nele abordadas a fim de que você avalie as conclusões a que chegou, confirmando-as ou redefinindo-as.

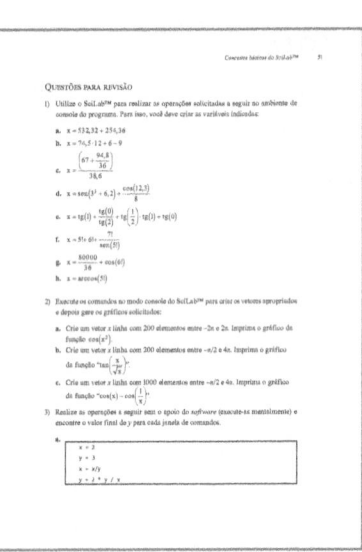

Questões para revisão

Ao realizar estas atividades, você poderá rever os principais conceitos analisados. Ao final do livro, disponibilizamos as respostas às questões para a verificação de sua aprendizagem.

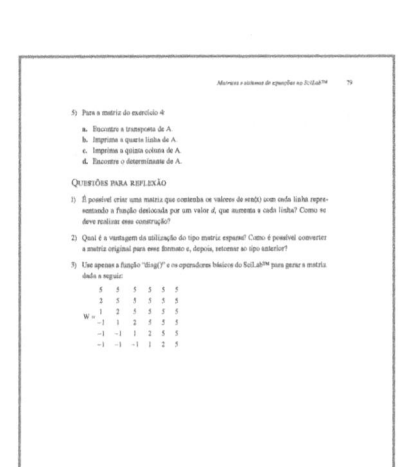

Questões para reflexão

Ao propor estas questões, pretendemos estimular sua reflexão crítica sobre temas que ampliam a discussão dos conteúdos tratados no capítulo, contemplando ideias e experiências que podem ser compartilhadas com seus pares.

Conteúdos do capítulo:
- Procedimento de instalação do SciLab™.
- Conceitos básicos de utilização do *software*.
- Funções para geração de gráficos.
- Manipulação com vetores.
- Singularidades do *software* do SciLab™.

Após o estudo deste capítulo, você será capaz de:
1. instalar corretamente o SciLab™;
2. utilizar o modo console do SciLab™;
3. criar e modificar variáveis;
4. realizar operações básicas algébricas e lógicas;
5. identificar as funções básicas do SciLab™.

1
Conceitos básicos do SciLab™

1.1 Instalando o SciLab™

O SciLab™ é um *software* para computadores pessoais que pode ser obtido por meio do acesso a seu *site* (SciLab™, 2023), utilizando qualquer *browser* de navegação para a internet. Depois, o usuário deve clicar no *link* de *download*. Será aberta uma página com três opções para baixar o programa para os sistemas operacionais Windows, Linux e macOS. O usuário deve selecionar a versão apropriada para seu sistema operacional e esperar o *download* do arquivo finalizar.

1.1.1 Instalação para Windows

Para a instalação no Windows, você deve escolher o *download* do arquivo executável (".exe") segundo a arquitetura de seu computador: 32 ou 64 *bits*. Se você não sabe qual é a arquitetura, dê preferência para a versão de 32 *bits*, pois ela serve para qualquer um dos casos. Depois que o arquivo ".exe" for transferido, execute-o para começar a instalação. O Windows pode apresentar a seguinte mensagem: "Deseja permitir que este aplicativo faça alterações no seu dispositivo?". Nesse caso, selecione a opção "Sim".

Figura 1.1 – Escolha da opção de idioma

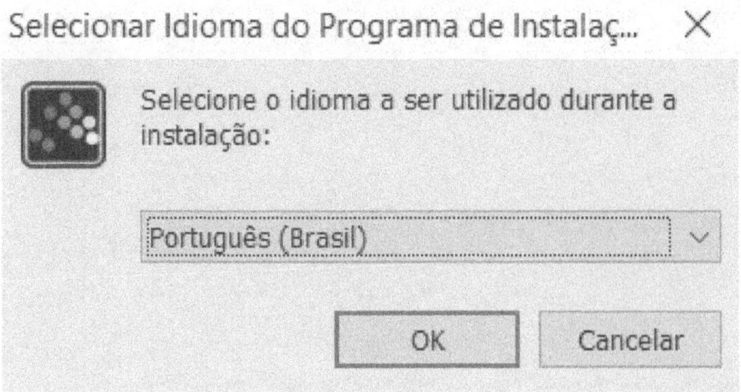

Fonte: Dassault Systèmes, 2023c, destaque nosso.

Figura 1.2 – Janela do assistente de instalação

Fonte: Dassault Systèmes, 2023c.

Depois da escolha do idioma (Figura 1.1), será inicializada a janela do assistente de instalação do SciLab™, conforme a Figura 1.2. Selecione "Avançar" para prosseguir com outras opções de instalação. Sugerimos que sejam utilizadas apenas as opções padrão de instalação. Após avançar por múltiplas configurações, é apresentada para o usuário uma janela na qual se observa o estado de instalação do programa (Figura 1.3).

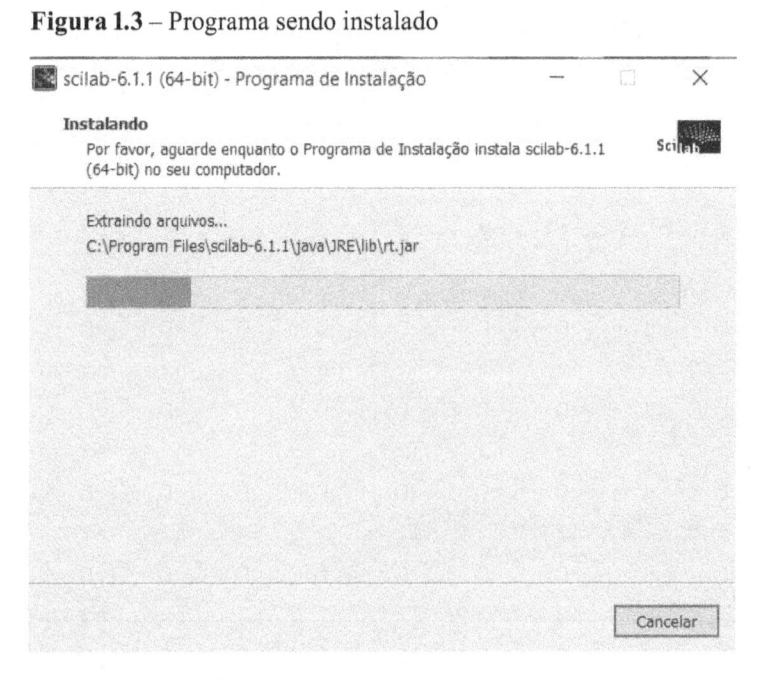

Figura 1.3 – Programa sendo instalado

Fonte: Dassault Systèmes, 2023c, destaque nosso.

Na Figura 1.4, podemos observar a tela final de instalação, em que uma mensagem de sucesso é apresentada. Selecione o botão "Concluir".

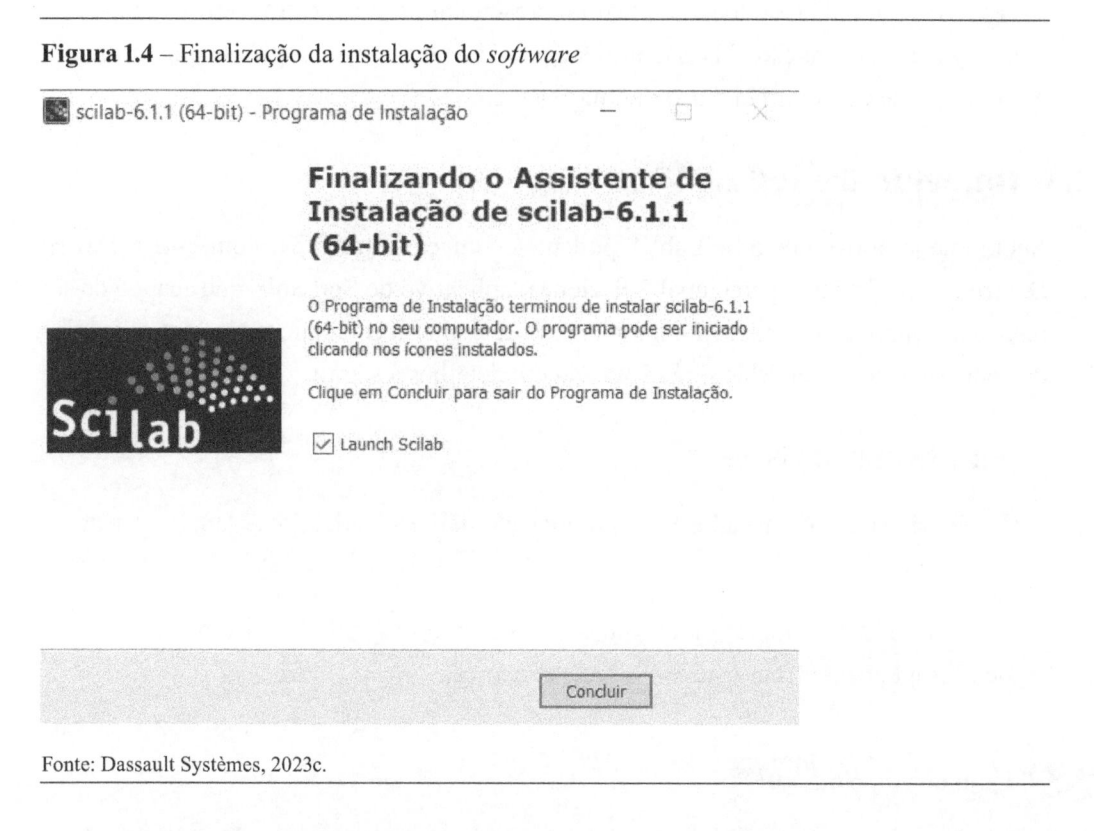

Figura 1.4 – Finalização da instalação do *software*

Fonte: Dassault Systèmes, 2023c.

Dessa maneira, a instalação do sistema deve ter sido realizada com sucesso. Agora você pode abrir o arquivo identificando o ícone com o nome SciLab™.

1.2 Tipografia utilizada neste livro

Ao longo desta obra, analisaremos diversos algoritmos que poderão ser digitados no ambiente do SciLab™. Quando nos referirmos a um fragmento de código para ser inserido no SciLab™, utilizaremos o formato e a tipografia apresentada no exemplo a seguir:

```
--> 2+2
ans =
4.
```

O bloco de texto dentro de uma janela apresenta um fragmento de código que pode ser copiado pelo leitor no console do SciLab™. Também discutiremos os comandos apresentados anteriormente ao longo da obra. Quando nos referirmos a alguma função, comando ou palavra reservada do SciLab™ no meio do texto, utilizaremos uma tipografia diferente. Por exemplo, a função "sin()" significa a função do SciLab™ que executa a operação matemática seno. Observe que não foram destacados argumentos dentro dos parênteses, pois, nesse caso, queremos apenas comentar a funcionalidade daquela instrução.

Palavras em itálico ao longo do texto representam palavras estrangeiras. Na área de tecnologia da informação (TI), são utilizados muitos termos em inglês, o que torna esta obra repleta de palavras em outro idioma.

1.3 Ambiente do SciLab™

Agora que já obtivemos o SciLab™, podemos começar a trabalhar com esse *software*. Dentro de seu sistema operacional, selecione o aplicativo do SciLab™ que acabou de ser instalado. Quando você executá-lo, uma janela será aberta contendo várias outras janelas de controle. Cada uma delas será explicada em detalhes a seguir.

> **PARA SABER MAIS**
>
> LEITE, M. **SciLab**: uma abordagem prática e didática. 2. ed. Rio de Janeiro: Ciência Moderna, 2015.
>
> A obra de Mário Leite contempla diversos tópicos do SciLab™. Com ela, o leitor pode complementar seus estudos sobre o *software*.

1.3.1 Console do SciLab™

O console do SciLab™ corresponde à janela central e é a maior dentre as disponíveis para o usuário. Ela é a principal forma de utilização do *software*, por meio da qual é possível realizar operações matemáticas e obter imediatamente seus resultados. Essa janela é também chamada de *console* e permite executar comandos em sequência, como um *prompt* de comando do Windows ou um terminal do Linux. A Figura 1.5 mostra o local do console do SciLab™ na janela do programa.

Figura 1.5 – Janela do programa SciLab™ com a área de console em destaque vermelho

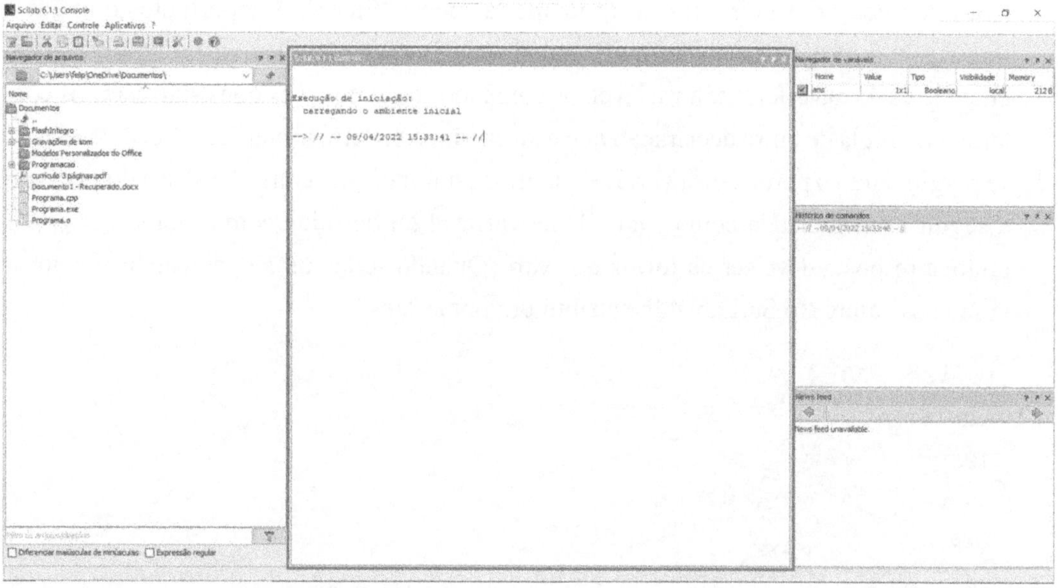

Fonte: Dassault Systèmes, 2023b, destaque nosso.

Neste livro, apresentaremos o funcionamento de diversos comandos do SciLab™, demonstrando essas operações por meio de janelas que destacam a programação no console do *software*, conforme o modelo a seguir:

```
-->
```

Nesse caso, nada foi digitado e o SciLab™ espera que um comando seja realizado por parte do usuário:

```
--> 7
ans =
7.
```

Já nesse exemplo, o usuário digitou o algarismo 7 e, em seguida, apertou a tecla "Enter". Assim que isso aconteceu, o SciLab™ armazenou o valor "7" dentro de uma variável chamada de *ans*.

Notamos também que o algarismo 7 que é apresentado para o usuário recebe um ponto final. Esse fato curioso é, na verdade, um elemento de grande atenção. O separador de casas decimais utilizado pelo SciLab™ é o **ponto**, e não a vírgula, como utilizamos no Brasil. Desse modo, sempre que formos digitar um valor que contenha a vírgula, devemos digitar o sinal de ponto para que o SciLab™ o entenda como separador de casa decimal.

O SciLab™ interpreta comandos que são passados do usuário para o sistema e realiza sua execução depois que o usuário aperta a tecla "Enter". É importante notar que a linguagem de programação SciLab™ trabalha de forma *case sensitive,* ou seja, o sistema entende de forma diferente a variável, os comandos ou as funções que estão escritos com letra maiúscula de outra declaração que está escrita com letra minúscula. Você deve estar se perguntando o porquê de a variável anterior estar indicada como "ans" e a do exemplo a seguir estar indicada como "var". Uma variável foi definida com o nome *var* e, portanto, a resposta deve ser na forma de "var". Quando se faz uma operação sem colocar nome nos valores, o SciLab™ lhe atribui um nome "ans".

```
--> var = 10
 var =
 10.
--> VAR = 20
 VAR =
 20.
```

Agora, observe o seguinte exemplo:

```
--> matematica
 Undefined variable: matematica
```

Nesse caso, o programa retornou uma mensagem de erro, pois não existe nenhuma variável definida com o nome "matematica*".*

O nome de uma variável não deve conter espaços e acentos e não é possível declarar uma variável começando com algarismos. Quando se está operando na modalidade de console, o usuário pode utilizar a tecla de seta para cima para utilizar comandos anteriores (os mesmos que se encontram na janela de "Histórico de comandos"). A janela de comandos pode ser encontrada também no menu "Aplicativos" > "Histórico de comandos".

Por causa da enorme quantidade de funções disponíveis, é comum o usuário acabar esquecendo o nome de determinada função. Por isso, o SciLab™ implementou um esquema que completa de forma automática, já muito utilizado em outros ambientes de desenvolvimento e em terminais de console de sistemas operacionais. No modo console, o usuário pode começar a digitar o nome da função, conforme o exemplo a seguir:

```
-->base2
```

Em seguida, o usuário pode clicar na tecla "Tab" e, assim, o SciLab™ completará de forma automática o nome da função:

```
-->base2dec
```

Nesse caso, o *software* encontrou a função "base2dec()" com a grafia mais próxima da que o usuário começou a digitar.

Figura 1.6 – Sugestões do SciLab™ para completar a função digitada pelo usuário

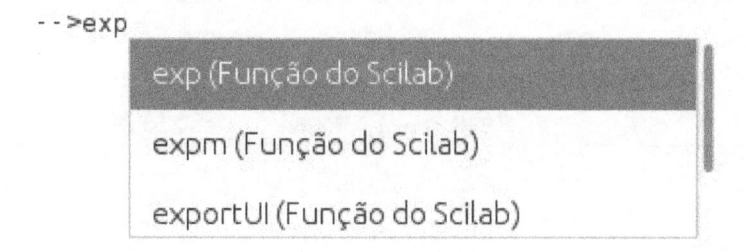

```
-->exp
      exp (Função do Scilab)
      expm (Função do Scilab)
      exportUI (Função do Scilab)
```

Fonte: Dassault Systèmes, 2023b, destaque nosso.

Se for escrito um fragmento de determinado comando e clicar-se em "Tab", como existem múltiplas possibilidades de comandos a partir do caractere digitado por último, o SciLab™ abre uma pequena janela com sugestões para que o usuário escolha uma delas, como mostra a Figura 1.6.

1.3.2 Navegador de variáveis

Estudaremos mais sobre variáveis no restante deste capítulo, mas, por ora, é importante apenas saber que *variável* é um nome atribuído a um valor qualquer que pode ser manipulado pelo usuário, ou seja, seu conteúdo pode ser alterado. Uma variável no SciLab™ pode receber um valor qualquer. À medida que acrescentamos mais variáveis no ambiente de trabalho, este acaba se tornando muito complexo. Todas as variáveis que vão sendo criadas estão reservadas e podem ser utilizadas pelo usuário no momento que ele quiser fazê-lo. Felizmente, o SciLab™ conta com um recurso ("Navegação de variáveis") para analisar variáveis que estão sendo criadas e se encontram em uso.

É importante dizer que, depois que a sessão do SciLab™ é encerrada, ou seja, a janela principal do *software* é fechada, todas as variáveis que se encontram abertas serão finalizadas e todo o conteúdo delas é perdido. As variáveis então se encontrarão na memória volátil do computador – um tipo de memória que guarda conteúdo enquanto o computador está ligado, chamada também de *memória RAM*.

Os comandos executados em um exemplo anterior permitem a criação de duas variáveis distintas, "var" e "VAR", como pode ser visto na Figura 1.7, que apresenta a janela de "Navegação de variáveis".

Figura 1.7 – O navegador de variáveis mostra as duas variáveis criadas no console, ambas com o mesmo nome, mas com caracteres diferentes, tratadas como se fossem duas variáveis distintas

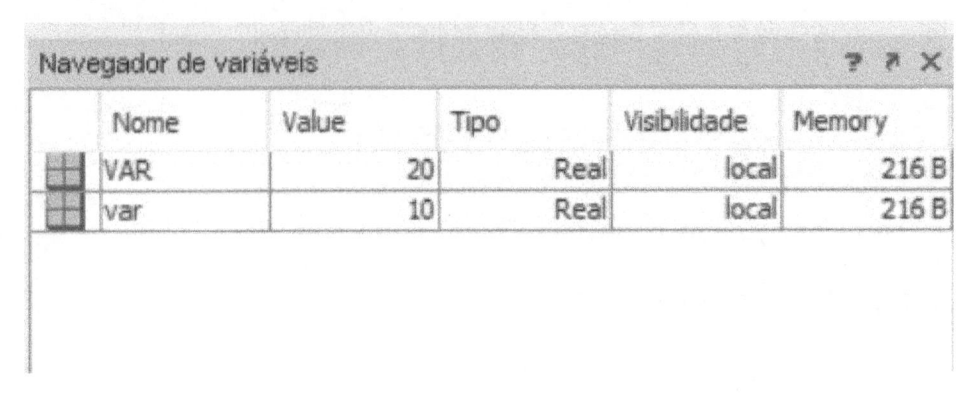

Nome	Value	Tipo	Visibilidade	Memory
VAR	20	Real	local	216 B
var	10	Real	local	216 B

Fonte: Dassault Systèmes, 2023b.

1.3.3 Navegador de arquivos

O "Navegador de arquivos" permite que o usuário realize uma navegação pelos diretórios de seu computador. Assim, ao clicar sobre alguma pasta, o diretório ou o arquivo selecionado será aberto. O SciLab™ está programado para abrir a pasta "C:\Users\nomeDoUsuario\Documents\" de maneira padrão no Windows. A pasta atual é o diretório de trabalho, e qualquer ação de leitura, escrita, abertura de arquivos etc. será sempre realizada nessa pasta, a não ser que o usuário especifique o contrário.

Figura 1.8 – Janela do programa SciLab™ com a área do "Navegador de arquivos"

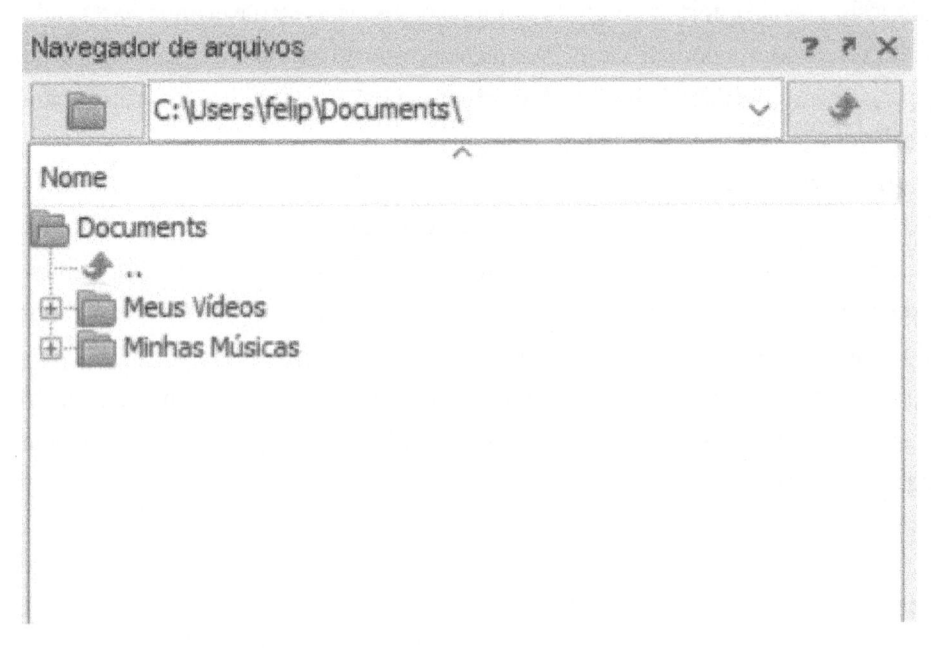

Navegador de arquivos

C:\Users\felip\Documents\

Nome
- Documents
  - ..
  - Meus Vídeos
  - Minhas Músicas

Fonte: Dassault Systèmes, 2023b.

O "Navegador de arquivos" permite a navegação gráfica, mas também é possível realizá-la por diretórios mediante comandos no console do SciLab™. Para tanto, o usuário pode utilizar alguns comandos já conhecidos nos ambientes Linux/Unix, como "ls", "cd" e "pwd", além de outros exclusivos do *software*. O quadro a seguir apresenta alguns dos principais comandos que podem ser utilizados no ambiente de console do SciLab™.

Quadro 1.1 – Alguns comandos Linux/Unix e outros comandos úteis do SciLab™

Comando	Descrição
cd	Mudança de diretório/pasta
ls	Listagem de arquivos de um diretório/pasta
pwd	Apresentação do caminho do diretório/pasta atual
date	Apresentação da data do dia
clear	Limpeza de todas as variáveis disponíveis
quit	Fecha/encerra o *software* SciLab™
help	Abre um navegador de ajuda com explicações sobre todas as funções nativas do SciLab™. É útil para entender a sintaxe do programa, como a função que deve ser construída e quais atributos devem constar em uma função.
clc	Limpeza de todo o conteúdo do console
tic	Inicia uma contagem com o cronômetro
toc	Finaliza uma contagem com o cronômetro
who	Listagem de todas as variáveis definidas no ambiente de trabalho/variáveis em execução
size	Indica o tamanho de uma variável, espaço na memória
exit	Saída do programa
type	Indica o tipo de uma variável específica
whos	Lista nome, tamanho em *bytes* e tipo de todas as variáveis disponíveis no ambiente de trabalho
exists	Realiza a verificação se uma variável existe ou não

Incentivamos você a testar os comandos da Tabela 1.1 e a pesquisar outros comandos Unix/Linux que possam ser utilizados no ambiente de console do SciLab™.

> ## O QUE É
>
> **Linux**: É uma família de sistemas operacionais de código aberto (*open source*), ou seja, sua programação é livre para que qualquer indivíduo possa explorar. Seu módulo básico, também chamado de *kernel*, teve a primeira versão apresentada em 1991 e foi desenvolvido pelo finlandês Linus Torvalds. O *kernel* do Linux é encontrado em diversos dispositivos computacionais, incluindo *smartphones*, computadores e servidores. Ele é baseado em uma família de sistemas operacionais chamada de *Unix*. Juntamente com outros programas *open source*, ele pode ser combinado em distribuições Linux, que são sistemas operacionais completos e gratuitos muito utilizados em computadores pessoais. As distribuições mais conhecidas são: Ubuntu, Fedora, openSUSE, Mint e Debian.

1.4 Funcionalidades básicas

Agora, vamos explorar com mais detalhes alguns comandos básicos e entender como funcionam as funções dentro do *software*.

1.4.1 Declarando uma variável

Um valor digitado no console é guardado na memória do computador em um espaço reservado, que tem um nome específico. No exemplo da Seção 1.2, quando o usuário digitou o algarismo 7, uma variável denominada "ans" recebeu esse valor. Mais adiante, veremos que é possível alterar o conteúdo desse espaço reservado. Outra particularidade desse caso é que o usuário não se preocupou em dar um nome a essa variável, e, assim, de forma automática, o SciLab™ define que ela, por não estar declarada, deve receber o nome de "ans". Essa funcionalidade é diferente de algumas linguagens de programação nas quais o programador tem de definir o nome da variável – e, em algumas outras linguagens, até o tipo deve ser declarado também.

Embora essa seja uma facilidade que o SciLab™ proporciona, se o programador não tomar os devidos cuidados, o programa irá atribuir valores para a variável "ans", sobrescrevendo valores antigos e fazendo com que o programador ou o usuário perca o controle do *software*. Essa funcionalidade serve apenas para realizarmos cálculos rápidos na janela do console. Uma importante dica de boa prática de programação é sempre realizar uma declaração de variável.

Como a linguagem SciLab™ tem foco principal em operações matemáticas, vamos agora realizar nosso primeiro cálculo utilizando esse *software*:

```
--> 5 + 7
ans =
12.
```

Nesse caso, um comando foi realizado: a soma de dois algarismos, 5 e 7. Observe que o resultado da soma foi automaticamente atribuído para a variável padrão do SciLab™, denominada "ans", com valor 12.

Uma forma organizada de escrever um simples comando é atribuir o valor de determinada operação a uma variável definida pelo usuário:

```
--> matematica = 5 + 7
matematica =
12.
```

Nesse exemplo, foi realizada a mesma operação que havia sido apresentada anteriormente, no entanto, esse resultado foi imediatamente repassado para uma nova variável chamada de *matematica*. O usuário pode chamar essa variável de *matematica*, que conterá, nesse momento, o valor 12. A partir desse instante, a variável "matemática" poderá ser chamada a qualquer tempo.

1.5 Tipos de variáveis no SciLab™

Quando trabalhamos com computadores, temos de entender como esses equipamentos funcionam. Um computador é um sistema físico muito complexo, composto por diversos componentes eletrônicos, que formam o que é denominado *hardware*.

Dentre os principais componentes eletrônicos que podem ser encontrados em um computador, podemos elencar os seguintes: processador, disco rígido, placa de vídeo, placa de rede, memórias, placa-mãe e dispositivos de entrada e saída.

Dispositivos de entrada e saída são componentes eletrônicos ligados ao computador e proporcionam a entrada de dados para dentro do equipamento ou realizam a saída de dados para fora dele. Exemplos de dispositivos de entrada são: *mouse*, teclado, mesa digitalizadora, sensores, microfone e câmera. Monitores, caixas de som e impressoras são alguns dos dispositivos de saída mais conhecidos.

Todos os dados de entrada são transformados para que o computador compreenda o que o ser humano está passando para o sistema. Dessa forma, eles são transformados em sequências de *bits*. O *bit* é um dígito numérico que pode ser transmitido ou armazenado e apresenta apenas dois valores: 0, zero ou desligado; e 1, um ou ligado, que indicam dois estados distintos. O *bit* pode ser compreendido como a menor unidade de informação processada por um sistema computacional e tem por finalidade representar informações. Portanto, quanto maior for a quantidade de *bits* sendo executada em um computador, mais informação será processada ou gerada. Todos os trabalhos realizados pelo processador têm como base essa matemática específica, com apenas os algarismos 0 e 1. Assim, quando falamos em *computadores*, estamos sempre trabalhando com matemática, mesmo se o usuário estiver manipulando palavras em um documento de texto, conversando com seu chefe por uma conferência pela internet ou ouvindo uma música por *streaming*. Tudo o que está sendo manipulado são sequências de *bits*, e cada uma das instruções realizadas internamente pelo processador são, na verdade, operações matemáticas realizadas de forma extremamente rápida.

É importante mencionar que um conjunto de 8 *bits* forma um *byte*. As palavras são muito similares, mas a diferença entre o que elas representam é muito significativa. Portanto, é necessário sempre prestar atenção à qual unidade estamos nos referindo.

Ao trabalharmos com números em um computador, como é o caso desta obra, temos de entender como esse equipamento trabalha. Suponhamos que queremos representar um número pertencente ao conjunto dos inteiros na forma binária, para que ele possa ser tratado pelo sistema computacional. A notação para essa conversão é escrita da seguinte forma:

$389_{10} \rightarrow 110000101_2$

Essa notação significa que o número 389 na base decimal é equivalente ao número 110000101 na base binária. Na representação da base decimal, podem ser utilizados 10 algarismos distintos (0, 1, 2, 3, 4, 5, 6, 7, 8 e 9); já na representação binária, são usados apenas dois algarismos (0 e 1).

Uma das formas empregadas para chegar à representação binária de um número decimal é a utilização do algoritmo de conversão de decimal para binário. Esse processo é executado da seguinte maneira:

- **1ª etapa** – O número na base decimal é colocado como o primeiro dividendo em uma operação de divisão na qual o divisor é o número 2. O resto da divisão é armazenado para uma avaliação posterior. O resultado será utilizado em uma nova operação.
- **2ª etapa** – Uma nova operação é realizada, em que o resultado da divisão anterior serve como dividendo. Outra vez, o divisor é o número 2, e o resto da divisão é armazenado para uma avaliação posterior. O resultado será utilizado em uma nova operação, e esta etapa é repetida até que ele seja igual a 1.
- **3ª etapa** – Todos os restos das divisões sucessivas são agora avaliados para a construção do número binário, que começa com o resultado final da última operação. Os demais algarismos são compostos dos restos das divisões na sequência inversa, ou seja, de trás para a frente.

De forma resumida, para obtermos a representação binária de um número decimal, precisamos realizar operações sucessivas de divisão. Assim, o número 389 deve ser dividido por 2 de forma sequencial, conforme o procedimento demonstrado pela Figura 1.9. O resultado é uma sequência de uns e zeros, justamente na forma em que os computadores leem os dados.

Figura 1.9 – Conversão de decimal para binário

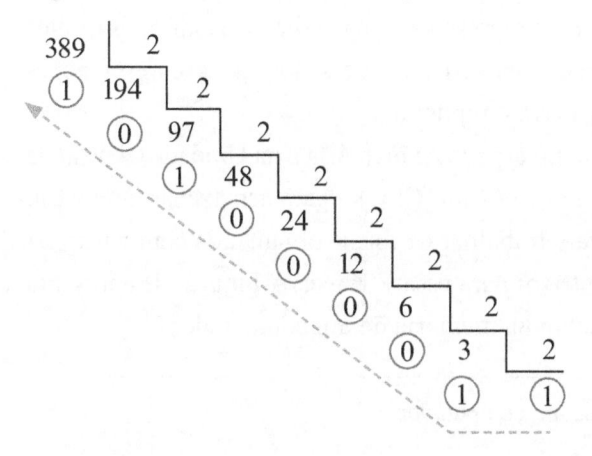

```
389 | 2
 ①  194 | 2
      ⓪  97 | 2
          ①  48 | 2
              ⓪  24 | 2
                  ⓪  12 | 2
                      ⓪  6 | 2
                          ⓪  3 | 2
                              ①   ①
```

A conversão de base decimal para binária é explicada com detalhes na obra de Capuano e Idoeta (2018)[1].

A Figura 1.10 apresenta outra forma de visualização na conversão entre a base decimal para a binária. Podemos associar cada posição de um número binário a uma potência de 2. Assim, para todo algarismo 1 do número binário, será realizada uma associação com a potência de 2 de sua respectiva posição. Nesse sentido, os algarismos 1 "ativam" determinadas potências de 2. O número decimal será obtido por meio da soma das potências de 2, conforme apresentado na Figura 1.10.

Figura 1.10 – Entendendo a conversão de decimal para binário

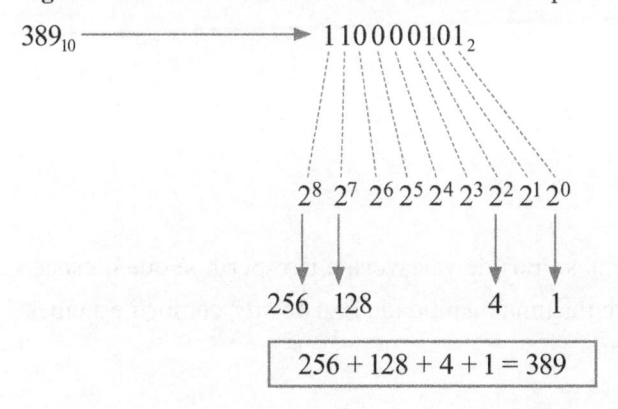

$389_{10} \longrightarrow 110000101_2$

$2^8 \; 2^7 \; 2^6 \; 2^5 \; 2^4 \; 2^3 \; 2^2 \; 2^1 \; 2^0$

256 128   4   1

$$256 + 128 + 4 + 1 = 389$$

Voltando ao processador, ele é o elemento principal do computador; realmente, é o "cérebro" de um sistema computacional. Dentro dele existe uma parte chamada de *Unidade Lógica e Aritmética (ULA)*, na qual são realizados diversos cálculos com as sequências de *bits* de dados. Primeiramente, devemos compreender que os computadores trabalham

---

1 O leitor é convidado a explorar os primeiros capítulos do livro a seguir: CAPUANO, F. G.; IDOETA, I. V. **Elementos de eletrônica digital**. 42. ed. São Paulo: Érica, 2018.

com uma sequência finita de dados. Esse ponto também merece muita atenção, pois, por maior que seja a sequência de *bits* usada para representar uma dízima periódica, os limites dos recursos computacionais impõem restrições, tornando, dessa forma, as representações numéricas em um computador sujeitas a erros implícitos.

Aprendemos que o SciLab™ reserva um espaço na memória e na Unidade Central de Processamento – do inglês *Central Processing Unit* (CPU) – para armazenar uma variável que apresenta determinado valor. Para trabalhar de forma organizada com variáveis, o SciLab™ define um espaço limitado (fixo) para essa variável. A Figura 1.11 apresenta um esquema ilustrativo de armazenamento na memória de um computador.

Figura 1.11 – Representação da memória de um computador

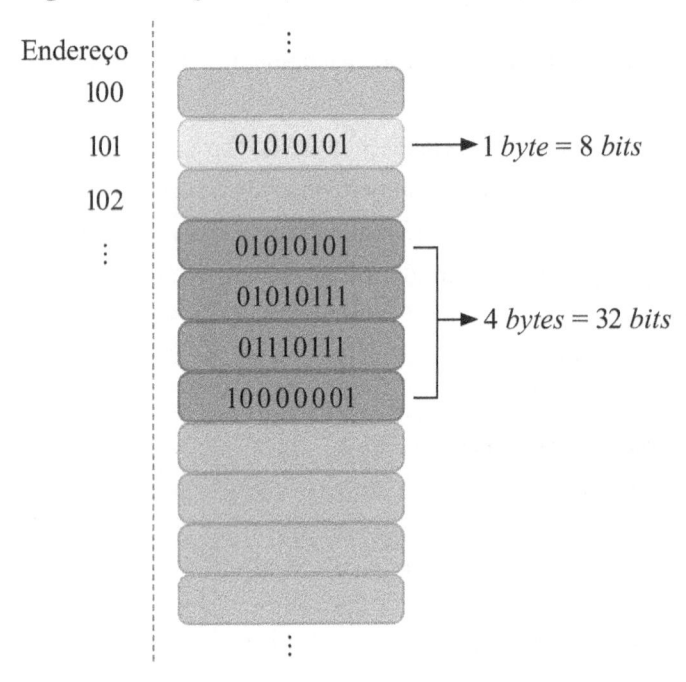

Endereço
100
101   01010101 ⟶ 1 *byte* = 8 *bits*
102
⋮   01010101
      01010111   ⟶ 4 *bytes* = 32 *bits*
      01110111
      10000001

O SciLab™ trabalha com diferentes tipos de variáveis, e isso permite que o espaço reservado para acomodar um valor tenha uma quantidade fixa de *bits*, conforme a tabela a seguir.

Tabela 1.1 – Tipos e tamanho mínimo, em *bytes* (B), de variáveis que podem ser utilizados no SciLab™

Tipo	Descrição	Tamanho mínimo ocupado na memória (em *bytes*)	Exemplo
Real	Tipo de variável mais comum do SciLab™; é usada para armazenar apenas um número	216	--> var1 = 6.9304 var1 = 6.9304
String ou Texto	Tipo de variável que armazena um ou mais caracteres	218	--> var2 = 'teste' var2 = "teste"
Matriz	Tipo de variável que armazena múltiplos números	216	--> var3 = [1 7; 9 3] var3 = 1. 7. 9. 3.
Booleana	Tipo de variável que armazena números booleanos (verdadeiro e falso, ou "1" e "0")	212	--> var4 = %t var4 = T

O tipo Real é a categoria mais utilizada no SciLab™, pois engloba todos os números dos conjuntos de números reais, além dos conjuntos dos números imaginários. É preciso deixar claro que o SciLab™ armazena os números imaginários no tipo Real do SciLab™.

O tipo Texto ou *String* armazena caracteres ou conjuntos de caracteres. No exemplo da Tabela 1.1, atribuímos a palavra *teste* para a variável "var2".

Tabela 1.2 – "Navegador de variáveis" mostrando diferentes tipos de variáveis

Nome	Value	Tipo	Visibilidade	Memory
var1	6.93	Real	local	216 B
var2	1x1	Texto	local	226 B
var3	[1, 7; 9, 3]	Real	local	240 B
var4	1x1	Booleano	local	212 B

Uma matriz é um conjunto de valores do tipo Real que será estudada no Capítulo 2. Uma variável do tipo Booleana abrange apenas dois estados lógicos, a saber: verdadeiro ("%t") ou falso ("%f") – esse tipo de variável é empregado em cálculos lógicos.

A Tabela 1.2 também apresenta o tamanho mínimo que uma variável de cada tipo ocupa na memória do computador. Nos casos dos tipos Matriz e Texto, esse valor aumenta de acordo com a quantidade de elementos.

1.6 Operadores aritméticos e lógicos

Existem dois tipos de operadores matemáticos no SciLab™: aritméticos e lógicos.

1.6.1 Operadores aritméticos

Os operadores aritméticos do SciLab™ apresentam alta similaridade com os operadores utilizados em outras linguagens de programação. Eles são divididos em dois tipos: aritméticos e lógicos. A Tabela 1.3 mostra os operadores matemáticos aritméticos juntamente com sua descrição e um exemplo de sua utilização.

Tabela 1.3 – Operadores aritméticos do SciLab™

Operador	Descrição	Exemplo
+	Adição	--> 4+5 ans = 9.
-	Subtração	--> 7-3 ans = 4.
*	Multiplicação	--> 4*10 ans = 40.
/	Divisão	--> 15/3 ans = 5.
^	Potência	--> 3^3 ans = 27.

Uma sugestão para decorar os operadores é realizar testes com diversas operações para se familiarizar.

Precedência de operadores aritméticos

O SciLab™ permite que o usuário escreva equações complexas e extensas. De fato, é comum que muitos problemas utilizem equações extensas. A precedência de operadores aritméticos acontece na seguinte ordem de prioridade:

1. expressões dentro de parênteses;
2. potenciação;
3. multiplicação e divisão;
4. soma e subtração.

Dessa forma, veremos como a expressão matemática a seguir é realizada de acordo com os passos.

$$x = 2 + 5 \cdot 11 - 9^3 + \frac{8}{2}$$

Escrevendo a linha de comando no SciLab™, o seguinte resultado é produzido:

```
--> x = 2+5*11-9^3+8/2
x =
-668.
```

Utilizando parênteses, a expressão é alterada para:

$$x = (2+5) \cdot (11-9)^3 + \frac{8}{2}$$

A linha de comando no SciLab™ correspondente é:

```
--> x = (2+5)*(11-9)^3+8/2
x =
4.
```

A precedência de operadores indica uma ordem de sequência para a execução de operações em uma expressão matemática. Essa precedência ocorre sempre da esquerda para direita, inclusive nos casos em que existem operadores com o mesmo nível de precedência. Nessa situação, é realizada a operação mais à esquerda e, depois, segue-se a sequência de avaliação das operações.

A única exceção ocorre quando existem vários operadores de potencialização em sequência. Nesse caso, eles são executados da direita para a esquerda.

1.6.2 Operadores lógicos

Para os operadores lógicos, os valores a serem avaliados podem ser tanto variáveis do tipo Real quanto variáveis do tipo Booleana. A Tabela 1.4 apresenta esses operadores e uma série de exemplos de sua utilização. Quando o usuário quiser inserir valores lógicos, as variáveis do tipo Booleana a serem digitadas no console de comando são duas: "%t" e "%f". O valor lógico "%t" corresponde a "Verdade" ou "ligado", ao passo que valor lógico "%f" corresponde a "Falso" ou "desligado". O SciLab™ apresenta como retorno dos cálculos lógicos apenas as letras *T* e *F*, que correspondem a "%t" e "%f". No entanto, é importante ressaltar que T e F servem apenas como saída do SciLab™.

Tabela 1.4 – Operadores lógicos do SciLab™

Operador	Descrição	Exemplo
&&	E (AND)	--> %t && %f
		ans =
		F
		--> %t && %t
		ans =
		T
||	Ou (OR)	--> %t || %f
		ans =
		T
		--> %t || %t
		ans =
		T
~	Não (NOT)	--> ~%t
		ans =
		F
<	Menor que	--> 5 < 4
		ans =
		F
>	Maior que	--> 10 > 1
		ans =
		T
>=	Maior ou igual a	--> 3 >= 3
		ans =
		T

(continua)

(Tabela 1.4 – conclusão)

Operador	Descrição	Exemplo
<=	Menor ou igual a	--> 5<=4
		ans =
		F
<> Ou ~=	Diferente de	--> 5 <> 4
		ans =
		T
		--> %t ~= %f
		ans =
		T

Caso o usuário tente digitar *T* ou *F* no console, o programa interpretará ambas as letras como variáveis.

1.7 Vetores

O SciLab™ permite a manipulação de diversos dados. Uma estrutura muito útil dentro desse *software* é chamada de *vetores*. Eles podem ser entendidos como matrizes compostas de múltiplas colunas e apenas uma linha, sendo que o inverso também é considerado um vetor: múltiplas linhas e apenas uma coluna. Estudaremos mais as matrizes no Capítulo 2; por enquanto, vamos trabalhar apenas com a manipulação de vetores.

É possível gerar um vetor apresentando diversos valores em sequência, todos separados por vírgulas, que é iniciada e finalizada por colchetes, conforme o exemplo a seguir:

```
--> vet = [1, 14, 98, 4, 52]
vet =
1. 14. 98. 4. 52.
```

O SciLab™ também entende a declaração de um vetor se os elementos estiverem separados apenas por um espaço simples. Muitas vezes, é interessante criar um vetor com intervalos iguais entre os valores. Para tanto, o *software* permite a realização desse tipo de estrutura utilizando uma declaração simples. Para criar um vetor com intervalos de uma unidade entre cada valor, é necessário apresentar o primeiro valor do vetor e, em seguida, colocar o símbolo de dois pontos. Por fim, é preciso definir o valor final do vetor:

```
--> vet = 1:10
vet =
1. 2. 3. 4. 5. 6. 7. 8. 9. 10.
```

Outro exemplo:

```
--> vet = 1:10
--> vet = -5:5
 vet =
-5. -4. -3. -2. -1. 0. 1. 2. 3. 4. 5.
```

Nesse caso específico, não é necessário finalizar o vetor com colchetes. É possível observar também que não foi preciso apresentar o valor de intervalo entre os valores. Por definição, o SciLab™ entende que, quando existirem apenas dois valores separados por um sinal de dois pontos, o intervalo será de uma unidade.

Para criar um vetor com intervalos diferentes de uma unidade, devemos especificar qual é esse intervalo. Nesse caso, a declaração é feita da seguinte forma: o primeiro elemento do vetor é definido; depois, é colocado o valor de incremento (valor do intervalo entre cada elemento do vetor); por fim, é definido o último valor do vetor. O valor do intervalo é separado dos elementos inicial e final sempre pelo símbolo de dois pontos. O exemplo a seguir ilustra esse tipo de declaração:

```
--> vet = -3:0.5:3
 vet =
-3. -2.5 -2. -1.5 -1. -0.5 0. 0.5 1. 1.5 2. 2.5 3.
```

É sempre importante observar a quantidade de elementos que o vetor final apresenta. O elemento inicial da declaração será sempre um membro do vetor declarado na expressão pelo usuário. Um cuidado importante na criação de vetores com intervalos específicos é que o elemento final pode ser menor do que o valor final definido na linha digitada. Esse fato acontece porque o SciLab™ trava a criação do vetor, conforme o seguinte exemplo:

```
--> vet = 0:0.3:4
 vet =
0. 0.3 0.6 0.9 1.2 1.5 1.8 2.1 2.4 2.7 3. 3.3 3.6 3.9
```

Podemos observar que o intervalo definido entre cada elemento do vetor seria igual a 0,3. Assim, o primeiro elemento seria o valor zero e, na sequência, o valor 0,3. Cada um deles é incrementado sempre se obedecendo ao intervalo especificado. Assim, o décimo quarto elemento do vetor será igual a 3,9; desse modo, a adição do intervalo de 0,3 a este elemento geraria um valor igual a 4,2, que é superior ao limite estabelecido na declaração da criação do vetor. Portanto, o último elemento do vetor é 3,9. Esse travamento é feito de forma automática pelo SciLab™.

Para selecionarmos apenas um elemento de um vetor, devemos declarar seu nome e, em seguida, indicar o índice ou posição vetorial, que é a especificação da linha e da coluna do vetor. Esse índice é colocado entre parênteses. O SciLab™ sempre entende a notação na seguinte ordem: linha e, depois, coluna. Vamos observar o exemplo a seguir:

```
--> vet = [1 2 3 3 4 5 5 5 6 3 3]
vet =
1. 2. 3. 3. 4. 5. 5. 5. 6. 3. 3.
--> b = vet(1,5)
b =
4.
```

Depois de declarado o vetor "vet", que tem uma linha e onze colunas, declaramos que a variável "b" recebe o elemento da primeira linha e quinta coluna. Assim, ele apresenta o valor 4. O vetor pode também ser transposto, para tanto, é necessário utilizar a apóstrofe logo após o nome de sua variável. Ainda utilizando os mesmos valores do vetor "vet", temos:

```
--> --> vet_t = vet'
vet_t =
1.
2.
3.
3.
4.
5.
5.
5.
6.
3.
3.
```

Como vimos, o vetor "vet" tem apenas uma linha e onze colunas. Agora criamos uma nova variável denominada "vet_t", que tem apenas uma coluna e onze linhas. Para identificarmos um elemento em determinado vetor, é muito importante atentarmo-nos para seu respectivo índice. O SciLab™ sempre entende a notação na seguinte ordem de índice: (1) linha e (2) coluna.

1.8 Números especiais

Existem vários números especiais, como o número de Neper (e = 2,7182818), o número complexo ($i = \sqrt{-1}$), o número pi (π = 3,14159265), entre outros. Além da manipulação dos números reais e de vetores, o SciLab™ permite que o usuário possa manipular alguns números especiais. Por exemplo, o número π pode ser utilizado pelo comando "%pi". Ele deve ser escrito dessa forma, com o símbolo de porcentagem na frente do número.

```
--> %pi
%pi =
3.1415927
```

Utilizando o mesmo esquema de notação, o número de Neper é representado por "%e", conforme pode ser visto a seguir:

```
--> %e
%e =
2.7182818
```

1.8.1 Números complexos

O SciLab™ permite operações com números complexos. Para tanto, o usuário deve utilizar a notação "%i" para representar a unidade imaginária i, conforme mostra o exemplo:

```
--> numComp = 5+6*%i
numComp =
5. + 6.i
```

Devemos lembrar que um número complexo tem dois elementos. Nesse caso, o primeiro elemento corresponde à parte real do número imaginário, e o segundo, ao coeficiente de unidade imaginária. Assim, podemos observar a variável "numComp", que recebe o número complexo $5+6i$. Ao escrevermos a parcela complexa do número, é importante observar que o escalar 6 deve multiplicar a unidade imaginária i com a notação apropriada. Novamente, o primeiro algarismo representa a parte real do número imaginário, e o segundo é o coeficiente da unidade imaginária.

O SciLab™ também tem a função "complex()", que pode ser utilizada conforme o exemplo a seguir para definir um número contendo uma parte imaginária:

```
--> numComp2 = complex(7,8)
numComp2 =
7. + 8.i
```

Conforme pode ser observado na função "complex()", o primeiro elemento corresponde ao coeficiente real, e o segundo, ao coeficiente da unidade imaginária. Os números complexos permitem várias operações aritméticas, como a mostrada a seguir:

```
-->numComp / numComp2
ans =
0.7345133 + 0.0176991i
```

Outras funções relacionadas aos números complexos são apresentadas no Quadro 1.2.

Quadro 1.2 – Funções específicas que envolvem números complexos

Função	Descrição
imag(x)	Apresenta a parte imaginária de uma variável numérica x
real(x)	Retorna a parte real de uma variável numérica x
polar(x)	Apresenta o número complexo x em sua forma polar
conj()	Retorna o conjugado do número complexo x
complex(x)	Cria um número complexo x

Funções que envolvem números complexos são úteis para resolução de diversos problemas matemáticos. Essas funções prontas irão acelerar a resolução desses problemas.

1.9 Funções

No contexto de linguagem de programação, uma função é um componente que recebe um elemento e executa um processamento, retornando para o programador um resultado específico. As funções têm esse nome pela analogia com as funções matemáticas. Segundo Thomas et al. (2002, p. 10): "Uma função de um conjunto D para um conjunto R é uma regra que associa um único elemento em R a cada elemento em D".

De forma simplista, podemos definir uma função por meio de uma relação unívoca entre os elementos de seus conjuntos domínio e imagem. O SciLab™, assim como outras linguagens de programação, dispõe de um conjunto enorme de funções predefinidas, ou seja, já construídas e prontas para serem usadas. Como o *software* trabalha com matemática computacional, grande parte das funções retornam valores numéricos e muitas têm as mesmas finalidades que as próprias funções matemáticas.

Vale a pena lembrar mais uma vez que, como estamos trabalhando com variáveis que apresentam limitação de tamanho em razão das restrições de memória dos computadores, existe a possibilidade de ocorrerem alguns casos nos quais os resultados de determinada função do SciLab™ poderão divergir de um valor real. Isso acontece por causa do truncamento que o próprio sistema realiza para poder acomodar as variáveis reais que apresentam dízimas ou valores inteiros muito grandes.

1.9.1 Funções matemáticas básicas

As funções trigonométricas básicas presentes no SciLab™ são apresentadas no Quadro 1.3. As demais funções matemáticas (logarítmicas e de arredondamento) se encontram no Quadro 1.4. Observe que todas elas recebem pelo menos um elemento de entrada que é escrito dentro de parênteses.

Quadro 1.3 – Principais funções trigonométricas do SciLab™

Função matemática	Descrição
sin(x)	Retorna a função seno de x
cos(x)	Retorna a função cosseno de x
tan(x)	Retorna a função tangente de x
sinh(x)	Retorna a função seno hiperbólico de x
cosh(x)	Retorna a função cosseno hiperbólico de x
tanh(x)	Retorna a função tangente hiperbólico de x

Quadro 1.4 – Principais funções matemáticas do SciLab™

Função matemática	Descrição
exp(x)	Retorna a função exponencial
log(x)	Retorna o logaritmo natural de x
log10(x)	Retorna o logaritmo na base 10 de x
sqrt(x)	Retorna a raiz quadrada de x
nthroot(x,n)	Retorna a raiz enésima de x
round(x)	Arredonda x para o inteiro mais próximo
ceil(x)	Arredonda x para cima
floor(x)	Arredonda x para baixo
modulo(x,n)	Apresenta o resto da divisão de x por n

Entre as possibilidades de recursos disponíveis no *software* para a matemática, destacam-se as funções trigonométricas. Conforme observamos anteriormente, várias delas estão no Quadro 1.3.

Vamos agora verificar o poder de geração de curvas no SciLab™. Para isso, podemos utilizar as funções trigonométricas para montá-las. Primeiramente, devemos criar um vetor de valores aleatórios entre 0 e 2π. Para representar uma função trigonométrica, podemos escolher um número de pontos de forma aleatória – por exemplo, 21 pontos – para sua representação. Para a criação desse vetor de valores espaçados igualmente, utilizamos o comando indicado a seguir:

```
--> a=0:.3:2*%pi
a  =
column 1 to 14
0.  0.3 0.6 0.9 1.2 1.5 1.8 2.1 2.4 2.7 3.  3.3 3.6 3.9
column 15 to 21
4.2 4.5 4.8 5.1 5.4 5.7 6.
```

Dessa forma, é criado um vetor *a* com 21 elementos que variam de 0 a 6. Sabemos que $2\pi \cong 6{,}2831853\ldots$; no entanto, como nosso vetor está variando com intervalo $\Delta = 0{,}3$, o valor máximo a que podemos chegar nesse caso é 6.

Utilizaremos a função "cos()" para encontrar os valores de cosseno de cada elemento do vetor *a*. Assim, armazenaremos no vetor *b* o conteúdo de cos(a).

```
--> b=cos(a)
b =
column 1 to 7
1.  0.9553365  0.8253356  0.62161  0.3623578  0.0707372  -0.2272021
column 8 to 13
-0.5048461  -0.7373937  -0.9040721  -0.9899925  -0.9874798  -0.8967584
column 14 to 20
-0.7259323  -0.4902608  -0.2107958  0.087499  0.3779777  0.6346929  0.8347128
column 21
0.9601703
```

Agora, temos dois vetores, *a* e *b*, cada um deles composto de 21 elementos. Os valores do vetor *b* são resultados da função cosseno do vetor *a* em uma operação elemento a elemento. Nesse contexto, o primeiro elemento de *b* corresponde ao valor cosseno do primeiro elemento de *a*. Para gerar um gráfico de nosso resultado, utilizaremos a função "plot()", que imprime na tela o gráfico bidimensional dos respectivos argumentos de entrada. Essa função será explorada com mais detalhes ao longo deste livro. Em sua forma básica, é possível utilizar a função da seguinte maneira:

```
--> plot(a,b)
```

Ao utilizarmos o comando "plot(a,b)", o SciLab™ retorna um gráfico bidimensional em uma nova janela, pois entende que deve apresentar no gráfico 21 pontos, sendo que as coordenadas de cada um deles são extraídas dos vetores *a* e *b* apresentados como parâmetros da função. Os elementos do vetor *a* que geramos estão associados aos valores do eixo *x* do gráfico, e os elementos do vetor *b* estão associados ao eixo *y* do gráfico.

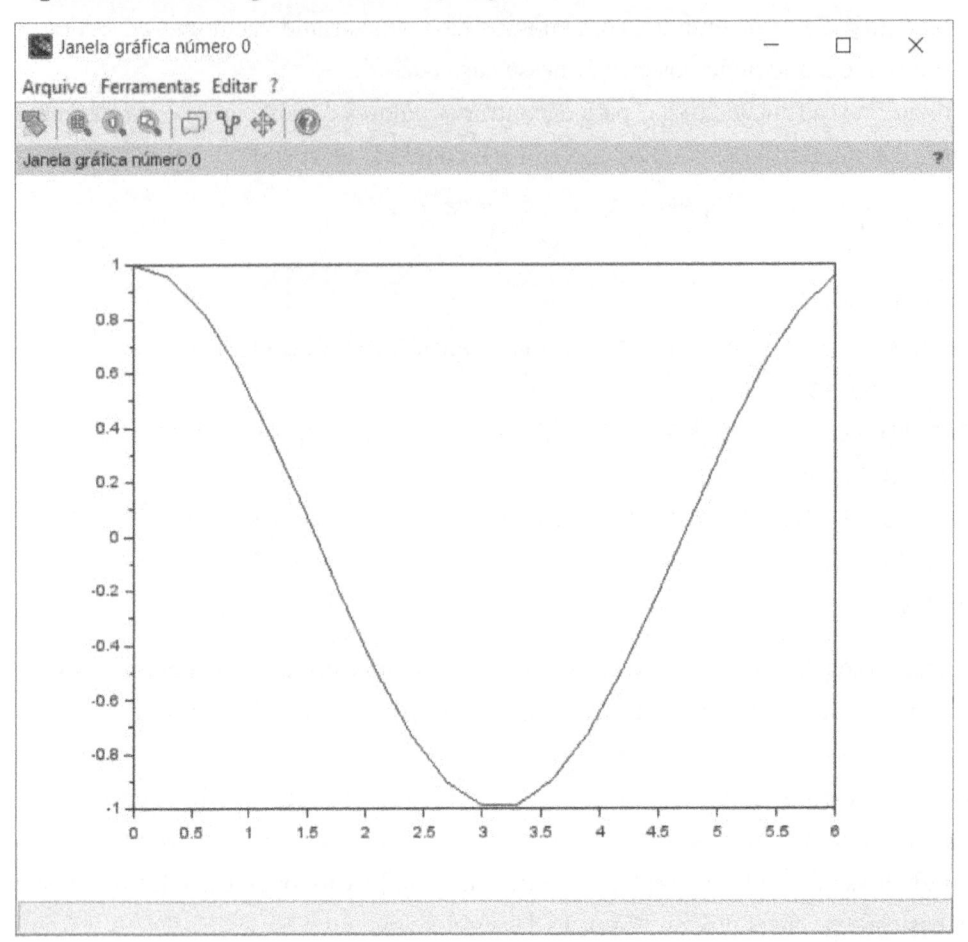

Figura 1.12 – Gráfico gerado com a função "plot()"

Observamos que o gráfico apresentado tem um formato de uma onda cosseno. Ao analisarmos atentamente, verificamos que a curva não é totalmente suave. Esse fenômeno acontece porque a própria função "plot()" liga os 21 pontos de forma automática. Para examinarmos apenas os 21 pontos no gráfico, podemos utilizar a função "plot()" com mais um parâmetro específico, como mostrado no próximo exemplo. Sem fechar a janela do gráfico, somos convidados a digitar a seguinte linha de código:

```
--> plot(a,b,'*')
```

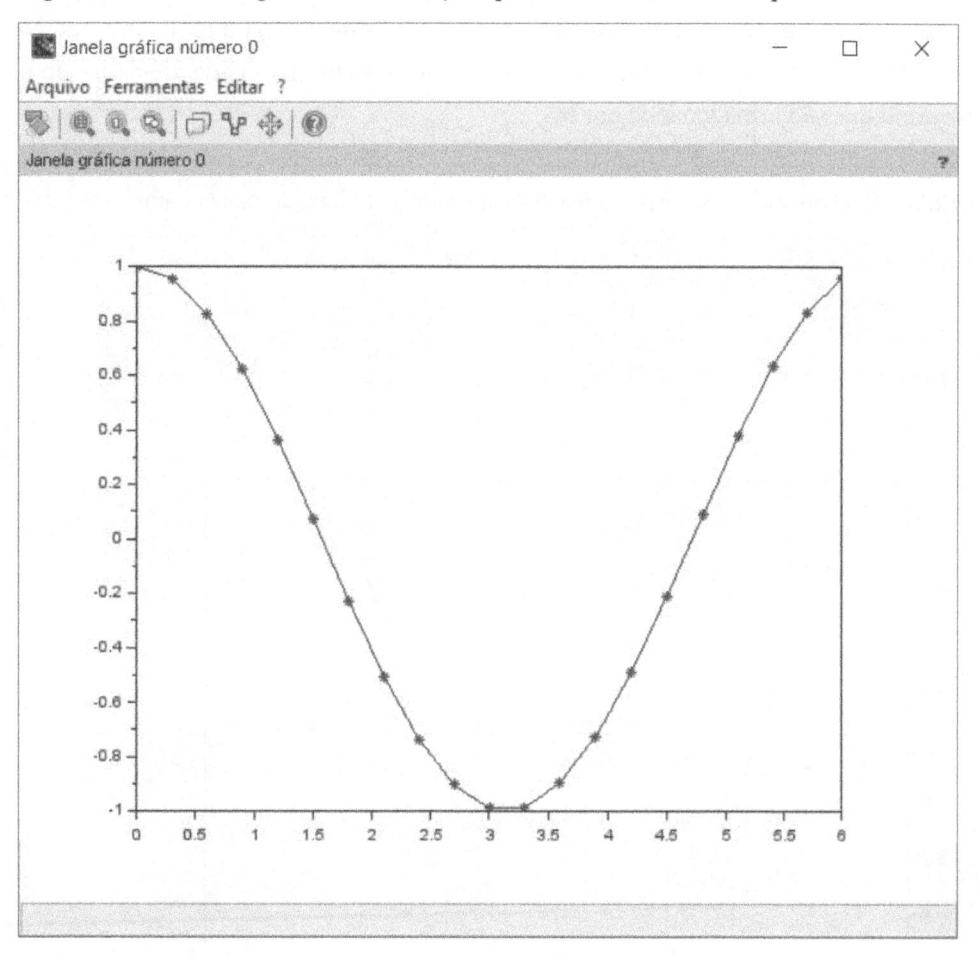

Figura 1.13 – Gráfico gerado com a função "plot()" mostrando seus 21 pontos

Observe agora o retorno do SciLab™, que apresenta um gráfico com os 21 pontos sendo identificados por um asterisco. A função "plot()" pode receber uma quantidade muito grande de parâmetros, pois ela precisa pelo menos que sejam invocadas duas entradas, sendo as demais opcionais.

Para gerar uma curva mais suave e mais próxima de uma onda cosseno verdadeira, é possível aumentar o intervalo de pontos do vetor *a* com o comando mostrado a seguir:

```
--> c=0:.03:2*%pi;
--> d=cos(c);
```

Observe que o intervalo entre os elementos de *a* diminuiu para 0,03. Assim, a quantidade de elementos de *a* aumentou para 210. Foi adicionado o sinal de ponto e vírgula no final do comando para que o SciLab™ não retornasse todo o conteúdo do vetor, de forma a evitar a apresentação de muitos dados e dificultar a visualização do usuário. Podemos verificar o conteúdo do vetor desejado dentro do "Navegador de Variáveis" clicando duas vezes no vetor *a*. Na sequência, já foi executado o comando para realizar a função cosseno. Dessa forma, são computados os valores de cosseno para cada elemento de *a*, e seus resultados são armazenados em *b*.

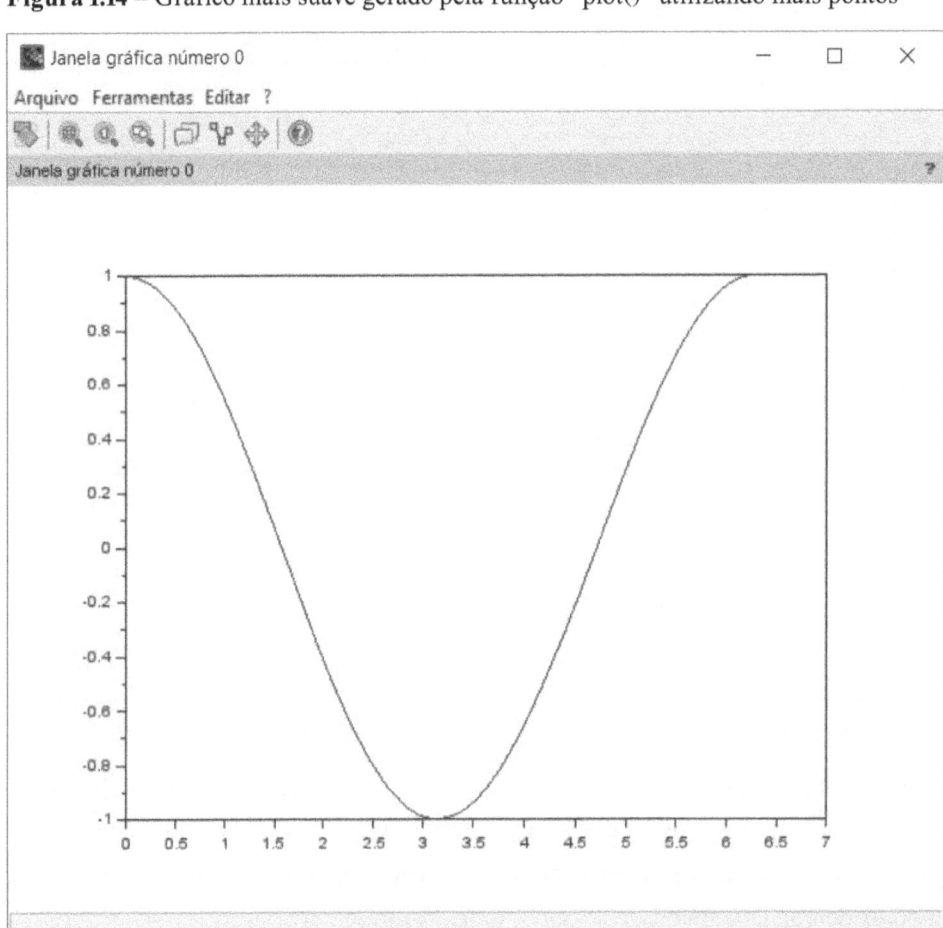

Figura 1.14 – Gráfico mais suave gerado pela função "plot()" utilizando mais pontos

Observamos agora outra situação importante no SciLab™: sobrescrever as variáveis *a* e *b*. Não foi preciso remover nenhum elemento de ambas. Ao realizarmos o comando de atribuição de variável para cada linha de código apresentada, o próprio SciLab™ redefine as variáveis *a* e *b* como vetores com 210 elementos cada um, em vez de 21 elementos, como haviam sido declarados na primeira.

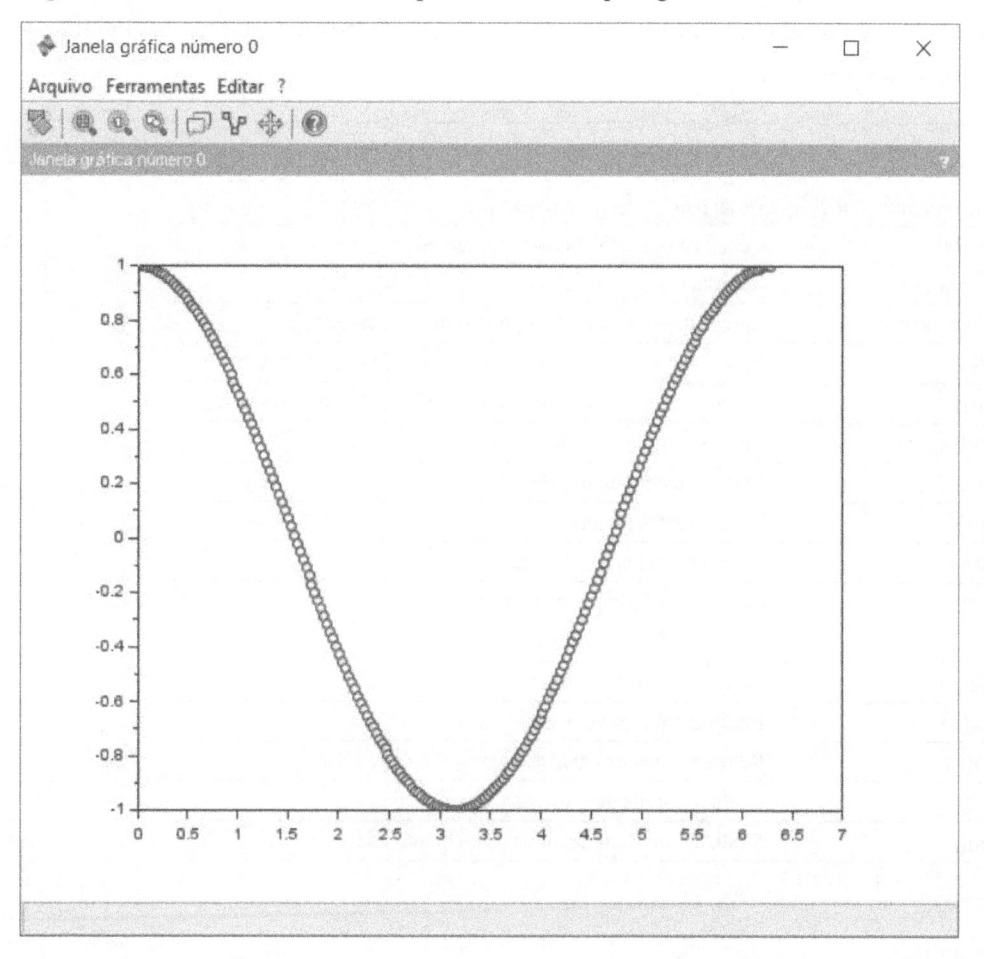

Figura 1.15 – Gráfico mostrando 210 pontos utilizados para gerar a curva cosseno

Verificamos com isso um princípio básico: ao utilizarmos a matemática computacional, sempre teremos de tratar as limitações da matemática discreta para representar intervalos infinitesimais.

1.9.2 Outras funções nativas

Observe o exemplo a seguir:

```
--> rand()
ans =
0.2113249
```

A função "rand()" gera um número aleatório. Nesse caso em específico, como não foi passado nenhum parâmetro de entrada, a função entende que deve trabalhar com seus valores padrão e gerar uma variável aleatória com função de distribuição de probabilidade normal, média zero e variância igual a 1. Mais detalhe sobre esse tipo de função serão apresentados no Capítulo 3. Podemos perceber que o SciLab™ contém muitas funções matemáticas avançadas. Além das apresentadas nos quadros anteriores, mais algumas são mostradas a seguir.

Quadro 1.5 – Mais funções matemáticas

Função matemática	Descrição
factor(x)	Realiza a operação fatorial do número x
factorial(x)	Retorna o valor fatorial de x
nchoosek(n,k)	Apresenta o coeficiente binomial de n na classe k
gcd(x)	Apresenta o maior divisor comum (MDC) de x (positivo)
lcm(x)	Apresenta o mínimo múltiplo comum (MMC) de x (positivo)
primes(x)	Apresenta todos os números primos até o valor x
convol(x,y)	Executa a convolução de x e y
erf(x)	Executa a função erro de x
abs(x)	Retorna o valor absoluto de x
fft(x)	Gera a transformada de Fourier rápida de x
gamma(x)	Executa a função gama de x
rand(x)	Gera valor aleatório de x
max(x)	Retorna o maior valor de x
min(x)	Retorna o menor valor de x
sum(x)	Realiza a soma de todos os elementos de x
prod(x)	Realiza o produto de todos os elementos de x

Síntese

Ao finalizar esse primeiro capítulo, você pôde absorver os conhecimentos básicos do *software* SciLab™, que é gratuito e muito robusto, permitindo que se possam realizar diversas operações matemáticas de forma rápida e eficiente e com volume.

Questões para revisão

1) Utilize o SciLab™ para realizar as operações solicitadas a seguir no ambiente de console do programa. Para isso, você deve criar as variáveis indicadas:

   a. $x = 532,32 + 254,36$

   b. $x = 74,5 \cdot 12 + 6 - 9$

   c. $x = \dfrac{\left(67 + \dfrac{94,8}{36}\right)}{38,6}$

   d. $x = \text{sen}(3^3 + 6,2) + \dfrac{\cos(12,3)}{8}$

   e. $x = \text{tg}(1) + \dfrac{\text{tg}(0)}{\text{tg}(2)} + \text{tg}\left(\dfrac{1}{2}\right) \cdot \text{tg}(1) + \text{tg}(0)$

   f. $x = 5! + 6! + \dfrac{7!}{\text{sen}(5!)}$

   g. $x = \dfrac{80000}{36} + \cos(6!)$

   h. $x = \arccos(5!)$

2) Execute os comandos no modo console do SciLab™ para criar os vetores apropriados e depois gere os gráficos solicitados:

   a. Crie um vetor x linha com 200 elementos entre -2π e 2π. Imprima o gráfico da função $\cos(x^2)$.

   b. Crie um vetor x linha com 200 elementos entre $-\pi/2$ e 4π. Imprima o gráfico da função "$\tan\left(\dfrac{x}{\sqrt{x}}\right)$".

   c. Crie um vetor x linha com 1000 elementos entre $-\pi/2$ e 4π. Imprima o gráfico da função "$\cos(x) - \cos\left(\dfrac{1}{x}\right)$".

3) Realize as operações a seguir sem o apoio do *software* (execute-as mentalmente) e encontre o valor final de *y* para cada janela de comandos.

   a.
   ```
   x = 2
   y = 3
   x = x/y
   y = 2 * y / x
   ```

b.
```
x = 4
y = 6
x = x/y
y = 3 * y / x
```

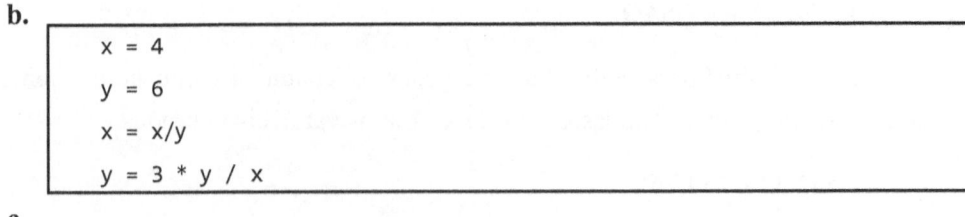

c.
```
x = 4
y = 1
x = x/y
y = 3 * y / y
```

d.
```
x = 4
y = 1
x = x/y
y = 3 * x / x ^ 2
```

e.
```
x = 25
y = 3
x = sqrt(x)*y
y = 3 * x / y-20
```

f.
```
x = 1
y = 0
x = cos(2*%pi)+x
y = sin(0)+x
```

4) Quais são os vetores que resultam em cada saída solicitada?

a.
```
y = 30:-3:3
```

b.
```
h = 20:-0.5:7
```

c.
```
h = 20:2
```

d.
```
n = 17:-0.3:5
```

5) Explique o resultado das operações a seguir:

   a.
   ```
   sum(primes(17))
   ```
   b.
   ```
   prod([factorial(min([10:-1:6])),6])
   ```
   c.
   ```
   cos(max([1:5].^2))
   ```

Questões para reflexão

1) Utilize o comando "help" junto com uma das funções dos Quadros 1.2 e 1.3 para entender melhor como o SciLab™ as executa.

2) Procure na documentação oficial do SciLab™ mais exemplos e funções matemáticas que não se encontram nos quadros apresentados neste capítulo. Você deve explorar sempre a documentação oficial do *software*, pois podem surgir novas versões e algumas funções podem sofrer alterações de um ano para o outro.

Conteúdos do capítulo:
- Conceitos básicos de matrizes.
- Matrizes esparsas e matrizes identidade.
- Funções do SciLab™ voltadas a matrizes.
- Resolução de equações lineares.
- Inversa, transposição e determinante.

Após o estudo deste capítulo, você será capaz de:
1. compreender conceitos relacionados a matrizes;
2. executar operações de transposição, inversão e concatenação de matrizes;
3. resolver expressões lineares;
4. encontrar determinantes;
5. gerar matrizes identidade e trabalhar com matrizes esparsas.

2
Matrizes e sistemas de equações no SciLab™

2.1 Matrizes

Em nosso dia a dia, é comum utilizarmos tabelas para organizar tarefas e planejamentos. É muito habitual estruturarmos dados sequenciais, como números que representam quantidades ou valores em processos organizados. Com os dados estruturados da forma correta, é possível realizar diversas operações matemáticas que facilitam nossa vida. Quantas vezes não utilizamos planilhas eletrônicas para trabalhar com dinheiro (para finanças pessoais) ou com quantidades de elementos (para o estoque de uma fábrica, por exemplo).

A matemática apresenta uma estrutura muito útil chamada de *matriz* que modela nosso conceito de tabela. Trata-se de uma estrutura organizada em linhas e colunas em que cada unidade corresponde a um algarismo ou a uma variável. É de conhecimento geral que uma matriz é um conjunto ordenado de elementos que são distribuídos em forma de tabela. A matriz apresenta uma quantidade de m linhas e de n colunas. Um elemento de uma matriz A é identificado pela variável "$a_{i,j}$", em que i e j são menores ou iguais a m e a n, respectivamente. Desse modo, i e j representam a posição de determinado elemento da matriz; portanto: i = 1, 2, ..., m; e j = 1, 2, ..., n.

As matrizes são estudadas em maior nível de detalhes na disciplina de Álgebra Linear, e sugerimos que você explore a obra de Anton e Rorres (2012)[1] para aprofundar seus conhecimentos sobre o assunto.

Figura 2.1 – Elementos da matriz com índices que indicam linha e coluna

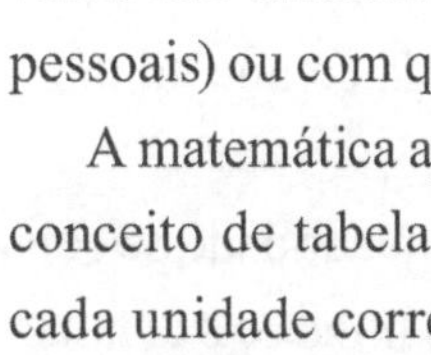

$$\begin{vmatrix} a_{1,1} & a_{1,2} \\ a_{2,1} & a_{2,2} \end{vmatrix}$$

linha   coluna

---

[1] ANTON, H.; RORRES, C. Álgebra linear com aplicações. 10. ed. Porto Alegre: Bookman, 2012.

Figura 2.2 – Matriz com quantidade *m* de linhas e *n* de colunas; as matrizes podem ter valores de *m* e *n* distintos

$$\begin{vmatrix} a_{1,1} & a_{1,2} & a_{1,3} & \cdots & a_{1,n} \\ a_{2,1} & a_{2,2} & a_{2,3} & \cdots & a_{2,n} \\ \vdots & \vdots & \vdots & \ddots & \vdots \\ a_{m,1} & a_{m,2} & a_{m,3} & \cdots & a_{m,n} \end{vmatrix}$$

No SciLab™, os vetores são casos especiais de matrizes com apenas uma linha ou uma coluna. É possível definir uma matriz colocando-se um operador ";" (ponto e vírgula) após uma linha, conforme o exemplo a seguir:

```
--> A = [ 1 4 5; 3 4 5; 7 8 7]
A =
1. 4. 5.
3. 4. 5.
7. 8. 7.
```

Observe que, para a matriz A, cada linha tem três elementos e cada coluna também tem três elementos.

Uma matriz pode apresentar uma quantidade de linhas diferente da quantidade de colunas. Por exemplo, ela pode ser composta de 3 linhas e 5 colunas ou de 4 linhas e 2 colunas.

O usuário do SciLab™ deve sempre estar atento à definição da matriz. O exemplo a seguir mostra a saída do programa ao realizar uma definição errada de matriz:

```
--> B = [1 5 9 9 ;1 6; 3 4 8 1; 0 4 0 7]
inconsistent row/column dimensions
```

Nesse caso, a quantidade de elementos da segunda linha da matriz B (de 2 elementos) é diferente das outras linhas (de 4 elementos). Por esse motivo, o sistema retorna uma mensagem de erro, uma vez que não é possível mostrar a matriz.

2.1.1 Matriz nula

Uma matriz nula por definição tem todos os seus elementos iguais a 0 (zero). Para criar uma matriz nula no SciLab™, é possível usar a função "zeros()", identificando dentro do parênteses a quantidade de linhas e colunas que ela deve conter.

```
--> P = zeros(4,3)
P =
0. 0. 0.
0. 0. 0.
0. 0. 0.
0. 0. 0.
```

Em contraste com a matriz nula, o SciLab™ também permite a criação de uma matriz na qual todos os elementos sejam iguais a 1. Isso é possível por meio do comando "ones()", conforme o exemplo a seguir:

```
--> P = ones(2,2)
P =
1. 1.
1. 1.
```

2.1.2 Matriz quadrada

Uma matriz quadrada por definição tem a mesma quantidade de elementos em suas linhas e em suas colunas. Dizemos que uma matriz é *3x3* quando ela apresentar 3 linhas e 3 colunas. Assim, a criação de uma matriz quadrada no SciLab™ deve obedecer a esse conceito. Matrizes quadradas são muito importantes para a álgebra linear, e grande parte de suas propriedades serão avaliadas nos próximos tópicos. O fato é que, por meio das matrizes quadradas, é possível manipular matrizes de tal forma que muitas análises matemáticas possam ser realizadas sobre esse conjunto de elementos. Mediante diversas características dessas estruturas, muitos fenômenos científicos são modelados matematicamente, tornando esse tipo de matriz uma construção matemática muito estudada. Um dos exemplos de seu uso é a manipulação de imagens digitais por meio de filtros. Aplicativos de edição de imagens empregam algoritmos que se baseiam em matrizes quadradas para a geração de filtros de imagens.

2.1.3 Matriz diagonal

Após entendermos o que é uma matriz quadrada, passaremos ao conceito de diagonal principal de uma matriz, que é exclusiva de matrizes quadradas. A diagonal principal de uma matriz quadrada é a sequência de elementos cujos índices linha e coluna são iguais. Portanto, para determinada matriz quadrada A, os elementos de sua diagonal principal serão $\{a_{1,1}; a_{2,2}; a_{3,3}; a_{4,4;...}\}$. Podemos observar a diagonal principal destacada na Figura 2.3.

Figura 2.3 – Diagonal principal de uma matriz

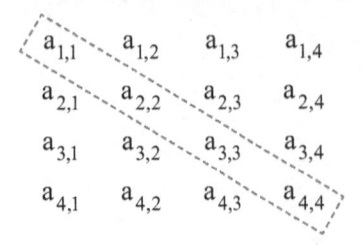

$$\begin{matrix} a_{1,1} & a_{1,2} & a_{1,3} & a_{1,4} \\ a_{2,1} & a_{2,2} & a_{2,3} & a_{2,4} \\ a_{3,1} & a_{3,2} & a_{3,3} & a_{3,4} \\ a_{4,1} & a_{4,2} & a_{4,3} & a_{4,4} \end{matrix}$$

O conceito de matriz diagonal está intimamente ligado ao de diagonal principal de uma matriz. Por definição, na matriz diagonal, todos os elementos que se encontram em sua diagonal principal são diferentes ou iguais a 0 (zero), e os elementos que não se encontram na diagonal principal são todos iguais a 0 (zero). Observe que pode haver elementos na diagonal principal iguais a 0 (zero). No entanto, se houver algum elemento diferente desse valor na matriz que não esteja localizado em sua diagonal principal, ela não será considerada uma matriz diagonal. Um exemplo de matriz diagonal é apresentado na Figura 2.4.

Figura 2.4 – Matriz diagonal

$$\begin{matrix} 11 & 0 & 0 & 0 \\ 0 & 4 & 0 & 0 \\ 0 & 0 & 3 & 0 \\ 0 & 0 & 0 & 6 \end{matrix}$$

Para criarmos uma matriz diagonal no SciLab™, podemos primeiramente gerar um vetor com os elementos que comporão a diagonal principal. Em seguida, utilizamos o comando "diag()" para elaborar a matriz diagonal. A entrada do conteúdo dessa função é o vetor que contém os elementos da diagonal principal.

```
--> vec = [1 8 4 4 5]
vec =
1. 8. 4. 4. 5.
-->diag(vec)
ans =
1. 0. 0. 0  0.
0. 8. 0. 0. 0.
0. 0. 4. 0. 0.
0. 0. 0. 4. 0.
0. 0. 0. 0. 5.
```

Observe que, como o vetor tem cinco elementos, a matriz diagonal será uma matriz quadrada 5x5.

A função "diag()" apresenta outra aplicabilidade. Quando inserimos uma matriz como entrada de função, esse comando retorna um vetor com os elementos da diagonal principal da matriz de entrada, conforme o exemplo a seguir:

```
--> A = [0 4 9 6; 7 3 6 5; 2 6 6 7; 8 8 9 9]
A =
0.  4.  9.  6.
7.  3.  6.  5.
2.  6.  6.  7.
8.  8.  9.  9.
-->diag(A)
 ans =
0.
3.
6.
9.
```

É possível criar uma matriz diagonal capturando a diagonal principal de uma matriz e, em seguida, utilizar esse resultado como entrada na função "diag()" novamente, utilizando o seguinte esquema:

```
-->diag(diag(A))
 ans =
0.  0.  0.  0.
0.  3.  0.  0.
0.  0.  6.  0.
0.  0.  0.  9.
```

Quando o programador utilizar uma função dentro de outra função, como no caso anterior, o SciLab™ começará processando da função mais interna para a mais externa. Ao utilizar a função "diag()" na primeira vez, o SciLab™ retorna um vetor e, em seguida, este é inserido na função "diag()" novamente. Ao receber nesse segundo processamento um vetor, o programa retornará ao usuário uma matriz.

2.1.4 Matriz identidade

Uma matriz identidade é uma matriz quadrada. Não existe uma matriz identidade cuja quantidade de linhas seja diferente da quantidade de colunas. Além disso, para ser considerada como tal, sua diagonal principal deve ter todos os elementos iguais a 1. Podemos criar uma matriz identidade com a função "eye()", descrevendo apenas sua quantidade de linhas e colunas. Os argumentos dessa função são, respectivamente, a quantidade de linhas e a de colunas:

```
--> I = eye(5,5)
I =
1. 0. 0. 0. 0.
0. 1. 0. 0. 0.
0. 0. 1. 0. 0.
0. 0. 0. 1. 0.
0. 0. 0. 0. 1.
```

Por mais que não exista uma matriz identidade que não seja quadrada, o SciLab™ permite utilizar a função "eye()" com parâmetros que tornam a matriz não quadrada. Para isso, o programa leva em conta o preenchimento igual ao de uma matriz quadrada, considerando os elementos que ficam mais à esquerda da matriz. Os elementos mais à direita da matriz ficam iguais a 0 (zero), conforme o exemplo a seguir:

```
--> I = eye(5,6)
I =
1. 0. 0. 0. 0. 0.
0. 1. 0. 0. 0. 0.
0. 0. 1. 0. 0. 0.
0. 0. 0. 1. 0. 0.
0. 0. 0. 0. 1. 0.
```

Para saber mais

KWONG, W. H. **Resolvendo problemas de engenharia química com software livre SciLab™**. Florianópolis: EdUFSCar, 2021.

A obra do autor Wu Hong Kwong é uma excelente de referência para os alunos que desejam se aprofundar no tema. O livro tem foco na engenharia química, mas pode ser analisado por qualquer estudante das demais engenharias ou das ciências exatas, pois traz exemplos práticos que apresentam similaridades com problemas que são encontrados no cotidiano de pesquisadores, cientistas, matemáticos e engenheiros.

2.1.5 Matriz transposta

A transposição de uma matriz é construída com base na inversão da posição de seus elementos. Para cada um deles, a posição linha é alterada para a posição coluna e vice-versa. Por exemplo, tomando-se o elemento de índices linha 3 e coluna 4, depois da operação transposta, ele será alterado para a posição linha 4 e coluna 3.

No SciLab™, para realizarmos a operação "Transposta", é necessário colocar o símbolo ' (apóstrofo) após a matriz que será alterada. Observe no exemplo a seguir:

```
--> M = [-1.6 1.6 -2.5; -0.7 0.6 4.6; 4.9 -1.1 0.9; 3.5 1.3 -1.7; -4.4 2.5 3.;
3.9 3.9 -4.2]
M =
-1.6  1.6  -2.5
-0.7  0.6   4.6
 4.9 -1.1   0.9
 3.5  1.3  -1.7
-4.4  2.5   3.
 3.9  3.9  -4.2
```

```
-->G = M'
G =
-1.6 -0.7  4.9  3.5 -4.4  3.9
 1.6  0.6 -1.1  1.3  2.5  3.9
-2.5  4.6  0.9 -1.7  3.  -4.2
```

2.1.6 Determinante de matrizes

O determinante de uma matriz é um valor escalar obtido por meio de operações específicas. Existe uma forte relação entre a matriz e o valor do determinante. Apenas matrizes quadradas apresentam determinantes. Dependendo de seu valor, é possível inferir algumas propriedades da própria matriz, como será visto mais adiante. O determinante de uma matriz com apenas um elemento é o próprio elemento.

Para uma matriz quadrada 2x2, o determinante será encontrado por meio do processo descrito a seguir.

Os elementos da diagonal principal da matriz são multiplicados entre si, gerando um resultado. Em seguida, é realizada a multiplicação entre os elementos da outra diagonal, o que gera outro resultado. Por fim, executa-se uma subtração entre o valor encontrado na primeira operação e o valor encontrado na segunda operação. O resultado desse cálculo será o determinante da matriz. Veja o exemplo mostrado na Figura 2.5.

Figura 2.5 – Processo de cálculo (regra de Sarrus) do determinante de uma matriz 2x2

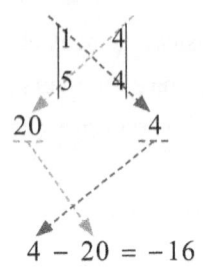

$$\begin{vmatrix} 1 & 4 \\ 5 & 4 \end{vmatrix}$$

20   4

4 − 20 = −16

A regra de Sarrus é utilizada para encontrar determinantes de matrizes 2x2 ou 3x3, e é um caso especial da fórmula Leibniz para determinantes – sugerimos a consulta à obra de Anton e Rorres (2012)[2] para conhecer mais detalhes.

Nessa regra, as duas primeiras colunas da matriz são adicionadas a seu lado direito. Em seguida, os elementos são multiplicados entre si seguindo o padrão das respectivas diagonais. Conforme pode ser visualizado na Figura 2.6, a diagonal principal da matriz inicia-se pelo elemento da primeira linha e da primeira coluna e segue no sentido da primeira seta cinza-clara. Cada um desses elementos é multiplicado pelo próximo e um resultado é obtido. Um processo semelhante é realizado para as outras duas diagonais no sentido da esquerda para a direita e, depois, esse processo é realizado nas diagonais no sentido da direita para a esquerda. Os valores das diagonais de um mesmo sentido são somados. Portanto, os três resultados das multiplicações que seguem o sentido da esquerda para a direita são somados, gerando um novo valor. Da mesma forma, os valores obtidos por meio do processo de multiplicação das diagonais que seguem o sentido da direita para a esquerda são somados, e um outro valor é encontrado. Por fim, é realizada uma operação de subtração entre o resultado da primeira soma realizada e o resultado da segunda.

Figura 2.6 – Processo de cálculo (Regra de Sarrus) do determinante de uma matriz 3x3

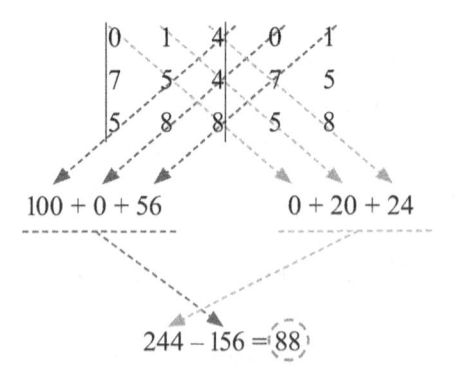

$$\begin{vmatrix} 0 & 1 & 4 \\ 7 & 5 & 4 \\ 5 & 8 & 8 \end{vmatrix} \begin{matrix} 0 & 1 \\ 7 & 5 \\ 5 & 8 \end{matrix}$$

100 + 0 + 56   0 + 20 + 24

244 − 156 = 88

---

2 ANTON, H.; RORRES, C. Álgebra linear com aplicações. 10. ed. Porto Alegre: Bookman, 2012.

Para matrizes 4x4 e maiores, existem outros algoritmos de cálculo, como a regra de Laplace. Não iremos abordar o processo matemático para encontrar o determinante de matrizes mais extensas, mas sugerimos estudá-lo na obra de Nicholson (2015)[3].

Como podemos observar, com o aumento da quantidade de elementos da matriz, os processos de cálculo para encontrar seu determinante se tornam mais complexos e trabalhosos. O SciLab™ facilita muito essa operação e permite que os determinantes de matrizes muito grandes sejam resolvidos rapidamente.

No SciLab™, podemos realizar esse processo por meio da função "det()", conforme o exemplo a seguir:

```
-->R = [0 1 4;7 5 4;5 8 8]
R =
0.  1.  4.
7.  5.  4.
5.  8.  8.
-->d = det(R)
d =
88.
```

2.1.7 Matriz inversa

Uma matriz inversa está sempre associada a uma matriz original, e a relação entra ambas é que a multiplicação entre elas produz uma matriz identidade. As duas matrizes (a original e a inversa) devem ser quadradas e ter a mesma quantidade de elementos. Existe somente uma inversa para cada matriz quadrada. Para encontrá-la, o SciLab™ disponibiliza a função "inv()".

Observe a mensagem de erro que o SciLab™ apresenta quando tentamos utilizar o comando "inv()" com uma matriz não quadrada – para isso, usaremos a matriz G, utilizada nos exemplos anteriores:

```
-->inv(G)
inv: Wrong type for argument 1: Square matrix expected.
```

Agora, vamos gerar uma matriz Q que será inversa da matriz R, utilizada anteriormente:

```
--> Q = inv(R)
Q =
0.0909091  0.2727273  -0.1818182
```

---

3 NICHOLSON, W. K. **Álgebra linear**. 2. ed. Porto Alegre: AMGH, 2015.

```
-0.4090909 -0.2272727  0.3181818
 0.3522727  0.0568182 -0.0795455
```

Devemos verificar se realmente a matriz Q é inversa de R. A multiplicação de ambas deve resultar em uma matriz identidade:

```
--> T = R*Q
T=
 1.       -2.776D-17  5.551D-17
-2.220D-16  1.        2.220D-16
 0.       -1.665D-16  1.
```

Observe que os valores da diagonal principal da matriz resultante são iguais a 1. No entanto, alguns elementos são seguidos por letras, e outros, por números. O elemento da primeira linha e segunda coluna, por exemplo, é –2.776D–17. O conjunto de caracteres representado por D e a sequência numérica n significa 10^n. Dessa forma, "D–16" significa 10^{-16}. Portanto, temos o valor $-2,22 \times 10^{-16}$. Isso acontece porque, ao gerarmos a matriz Q, o SciLab™ realizou o truncamento de números com dízima. Assim, a matriz Q tem seus elementos truncados, e, quando é realizada a multiplicação entre as matrizes R e Q, obtemos um resultado com elementos residuais fora da diagonal principal de T. Para solucionar essa questão, podemos utilizar a função "round()", que executa o arredondamento de todos os elementos da matriz para o inteiro mais próximo. É importante ressaltar que a função "round()" funciona também para variáveis de apenas um elemento.

```
--> T=round(T)
T =
 1. 0. 0.
 0. 1. 0.
 0. 0. 1.
```

Observe que, na mesma linha, a própria matriz T é reescrita ao realizarmos o comando "round()" sobre ela e atribuirmos o resultado final para ela. Esse esquema de reescrita é muito comum na programação e, no caso do SciLab™, serve tanto para variáveis isoladas quanto para vetores e matrizes. O usuário do *software* deve, no entanto, tomar cuidado ao realizar esse tipo de procedimento para não apagar o conteúdo original de forma equivocada.

2.1.8 Matriz oposta

A matriz oposta está associada a uma matriz original, e a soma de ambas deve resultar em uma matriz nula. Podemos construí-la tomando como base uma matriz original e multiplicar cada um de seus elementos por –1. Observe quais são as instruções executadas no SciLab™ para esse fim:

```
--> Matriz_A = [12 22; 13 25]
 Matriz_A =
 12.  22.
 13.  25.
--> Matriz_B = -1 .* Matriz_A
 Matriz_B =
 -12.  -22.
 -13.  -25.
--> Matriz_C = Matriz_A + Matriz_B
 Matriz_C =
 0.  0.
 0.  0.
```

2.1.9 Matriz esparsa

Uma matriz esparsa apresenta uma quantidade de linhas e colunas. No exemplo a seguir, criamos uma matriz identidade utilizando a função "eye()":

```
--> A = eye(1000,1000);
--> B = sparse(A);
```

Figura 2.7 – Comparação entre uma matriz esparsa usando o tipo padrão do SciLab™ (real) e o tipo específico (esparso)

Nome	Value	Tipo	Visibilidade	Memory
A	1000x1000	Real	local	8,0 MB
B	1000x1000	Esparso	local	8,2 kB

Observe que as matrizes esparsas consomem menos memória do que as do tipo real. Assim, elas podem ser utilizadas para algoritmos que necessitam de desempenho.

2.1.10 Operações com matrizes

As operações de soma e subtração entre duas matrizes A e B são realizadas tomando-se o elemento com índice i,j da primeira matriz e executando-se a operação sobre o elemento com o índice correspondente na segunda matriz.

```
--> A = [1 2; 3 4]
A =
1. 2.
3. 4.
--> B = [5 6; 7 8]
B =
5. 6.
7. 8.
--> A+B
ans =
6. 8.
10. 12.
--> A-B
ans =
-4. -4.
-4. -4.
```

A multiplicação e a divisão de matrizes ocorrem de forma diferente. Primeiramente, há uma restrição para esse tipo de procedimento. Tomando-se duas matrizes A e B, essa operação só pode ser realizada se a quantidade total de colunas que se encontram na primeira matriz (matriz A) for equivalente à quantidade total de linhas da segunda matriz (matriz B). Por exemplo, para a multiplicação de duas matrizes A e B, suponhamos que a matriz A tenha 2 linhas e 3 colunas, e que a matriz B tenha 2 linhas e 4 colunas. Nesse caso, não é possível a multiplicação entre A e B, pois a primeira tem uma quantidade de colunas diferente da quantidade de linhas da segunda.

Em um segundo exemplo, se a matriz A tiver 4 linhas e 4 colunas e a matriz B, 4 linhas e 8 colunas, será possível a realização da multiplicação entre elas.

Caso seja possível a multiplicação entre duas matrizes $A_{m,n}$ e $B_{n,o}$, o resultado gerado será uma matriz $C_{m,o}$. Observe que o valor n é igual para A e B. Um elemento i,j da matriz resultante C é resultante de um esquema de multiplicação e soma entre os elementos da linha i de A e da coluna j de B. Nesse contexto, qualquer linha de A é composta de n elementos, e cada um deles é multiplicado por um elemento correspondente em uma coluna de B, que também é composta de n elementos. Por fim, todos os elementos resultantes das multiplicações serão somados, gerando-se um elemento da matriz resultante C.

No exemplo a seguir, podemos visualizar a multiplicação entre matrizes, em que ambas são matrizes quadradas. Como tal, as duas têm uma quantidade de linhas igual à quantidade de colunas, satisfazendo, assim, o requisito para a multiplicação entre matrizes. Ambas as matrizes A e B são compostas de duas linhas e duas colunas.

Figura 2.8 – Processo padrão de multiplicação de matrizes

$$1 \times 4 + 5 \times 1 = \mathbf{9} \qquad 1 \times 3 + 5 \times 8 = \mathbf{43}$$

$$\begin{vmatrix} 1 & 5 \\ 2 & -3 \end{vmatrix} \begin{vmatrix} 4 & 3 \\ 1 & 8 \end{vmatrix} \qquad \begin{vmatrix} 1 & 5 \\ 2 & -3 \end{vmatrix} \begin{vmatrix} 4 & 3 \\ 1 & 8 \end{vmatrix}$$

$$\Rightarrow \begin{vmatrix} 9 & 43 \\ 5 & -18 \end{vmatrix}$$

$$\begin{vmatrix} 1 & 5 \\ 2 & -3 \end{vmatrix} \begin{vmatrix} 4 & 3 \\ 1 & 8 \end{vmatrix} \qquad \begin{vmatrix} 1 & 5 \\ 2 & -3 \end{vmatrix} \begin{vmatrix} 4 & 3 \\ 1 & 8 \end{vmatrix}$$

$$2 \times 4 + (-3) \times 1 = \mathbf{5} \qquad 2 \times 3 + (-3) \times 8 = \mathbf{-18}$$

No SciLab™, podemos utilizar o operador " * " normalmente para encontrar o produto de duas matrizes, conforme exemplo a seguir:

```
--> C = [1 5 ; 2 -3]
C =
1.  5.
2. -3.
--> D = [4 3; 1 8]
D =
4. 3.
1. 8.
--> E = C*D
E =
9.  43.
5. -18.
```

Outra forma de multiplicação que é disponibilizada pelo SciLab™ é o processo de multiplicação elemento a elemento. Na matemática, essa operação é chamada de *produto de Hadamard*, também conhecido como *produto Schur*. Tendo as matrizes A e B a mesma quantidade de linhas e colunas, essa operação é possível, e, matematicamente, teremos

$$(A \odot B)_{i,j} = (A)_{i,j} (B)_{i,j}$$

Em que o símbolo $\odot$ representa o operador elemento por elemento. Nesse tipo de operação matemática, dadas duas matrizes com a mesma quantidade de elementos, a multiplicação de um elemento da matriz A com índice *i,j* é realizada sobre o elemento com mesmo índice *i,j* na matriz B. Para realizar esse tipo de multiplicação, é necessário utilizar os operadores " .*" no console do SciLab™, conforme pode ser visualizado na Figura 2.9.

Figura 2.9 – Processo de multiplicação elemento a elemento de matrizes

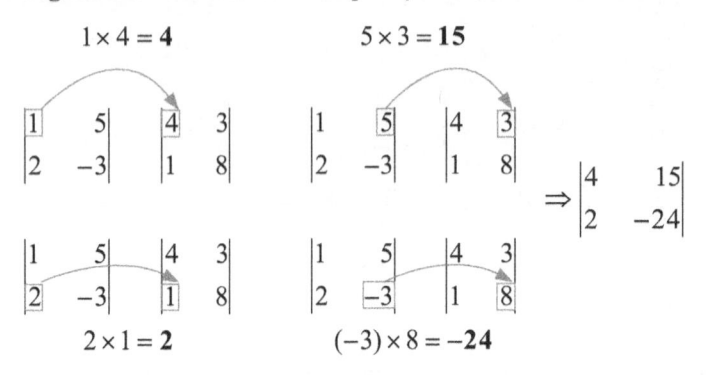

$$\begin{vmatrix} 1 & 5 \\ 2 & -3 \end{vmatrix} \begin{vmatrix} 4 & 3 \\ 1 & 8 \end{vmatrix} \quad \begin{vmatrix} 1 & 5 \\ 2 & -3 \end{vmatrix} \begin{vmatrix} 4 & 3 \\ 1 & 8 \end{vmatrix} \Rightarrow \begin{vmatrix} 4 & 15 \\ 2 & -24 \end{vmatrix}$$

$1 \times 4 = 4 \qquad 5 \times 3 = 15$

$2 \times 1 = 2 \qquad (-3) \times 8 = -24$

Para realizarmos o procedimento no SciLab™, devemos utilizar os operadores ".*":

```
--> E = C.*D
E =
4.  15.
2.  -24.
```

A operação de divisão de matriz de forma tradicional também segue um algoritmo específico. Não iremos abordar todo o tema aqui, mas você pode pesquisá-lo nas referências indicadas. O SciLab™ permite as operações de divisão da forma tradicional e da forma elemento por elemento, conforme o exemplo a seguir:

```
--> F = C/D
F =
0.1034483  0.5862069
0.6551724  -0.6206897
--> F = C./D
F =
0.25  1.6666667
2.  -0.375
```

Sugerimos que você realize os procedimentos de multiplicação e de divisão de matrizes para treinar o algoritmo.

Outra funcionalidade disponibilizada pelo SciLab™ é a operação de potenciação entre duas matrizes realizada elemento a elemento. Esse tipo de procedimento é muito interessante e abre possibilidades para a realização de cálculos de forma acelerada com matrizes. Observe o exemplo a seguir:

```
--> G = C.^D
G =
1.  125.
2.  6561.
```

2.1.11 Concatenando matrizes

A concatenação de matrizes é um processo muito importante para a análise matricial e é muito simples de ser efetuado. Observe o exemplo:

```
--> A = [1 4 5; 3 4 5; 7 8 7]
A =
1.  4.  5.
3.  4.  5.
7.  8.  7.
--> C = [A A]
C =
1.  4.  5.  1.  4.  5.
3.  4.  5.  3.  4.  5.
7.  8.  7.  7.  8.  7.
```

A matriz C é gerada pela concatenação em linha (ou junção) de duas matrizes A. Isso é possível porque ambas as matrizes A têm a mesma quantidade de linhas (3). Para concatenar matrizes em colunas, seguimos a mesma lógica utilizando um operador ponto e vírgula (";"):

```
--> C = [A; A]
C =
1.  4.  5.
3.  4.  5.
7.  8.  7.
1.  4.  5.
3.  4.  5.
7.  8.  7.
```

A função "matrix()" realiza uma reformatação nos elementos de uma matriz. Essa função necessita de três argumentos. O primeiro é uma matriz ou um vetor; o segundo é a quantidade de linhas da nova matriz que será gerada; e o terceiro é a quantidade de colunas da nova matriz. Confira a seguir o exemplo de conversão de um vetor para algumas matrizes:

```
--> Z = [1 2 3 4 5 6 7 8 9 10 11 12]
 Z =
 1.  2.  3.  4.  5.  6.  7.  8.  9.  10.  11.  12.
--> matrix(Z,2,6)
 ans =
 1.  3.  5.  7.  9.  11.
 2.  4.  6.  8.  10.  12.
--> matrix(Z,6,2)
 ans =
 1.  7.
 2.  8.
 3.  9.
 4.  10.
 5.  11.
 6.  12.
--> matrix(Z,3,4)
 ans =
 1.  4.  7.  10.
 2.  5.  8.  11.
 3.  6.  9.  12.
--> matrix(Z,4,3)
 ans =
 1.  5.  9.
 2.  6.  10.
 3.  7.  11.
 4.  8.  12.
```

Observe também o processo de construção de uma matriz 4x2 com base em uma 2x4:

```
--> Y = [10 20 30 40; 50 60 70 80]
 Y =
 10.  20.  30.  40.
 50.  60.  70.  80.
--> matrix(Y,4,2)
 ans =
 10.  30.
 50.  70.
 20.  40.
 60.  80.
```

2.2 Sistemas de equações lineares

Sistemas de equações lineares são compostos de equações de primeiro grau com mais de uma incógnita. Como as incógnitas a serem descobertas estão presentes em todas as equações, há a possibilidade de se encontrar a solução do sistema inteiro realizando operações entre elas. Alguns sistemas não têm soluções e se tornam indeterminados.

Os sistemas lineares de equações também podem ser representados por matrizes. Assim, já colocados em formato matricial, eles são resolvidos por meio de operações envolvendo uma ou mais linhas da matriz. Essas operações são chamadas de *elementares*, são apenas três e podem ser realizadas quantas vezes for necessário:

- executar as operações matemáticas básicas (de soma e de subtração) de uma equação pela outra;
- realizar as operações matemáticas de multiplicação ou divisão entre um número real e diferente de zero e uma das equações (a linha inteira é multiplicada ou dividida);
- trocar a posição entre equações, ou seja, mudar de ordem entre si duas equações.

Um sistema de equações lineares pode ser categorizado em três tipos, de acordo com a possibilidade de encontrar solução para todas as suas incógnitas:

1. **Sistema impossível** – Não apresenta nenhuma solução (ele é impossível de existir).
2. **Sistema possível e determinado** – Apresenta apenas uma solução (única ou exclusiva).
3. **Sistema possível e indeterminado** – Apresenta uma quantidade de soluções infinita (ou infinitos conjuntos de variáveis que satisfazem às restrições das equações).

Nos casos em que a quantidade de incógnitas superar a quantidade de equações presente no sistema linear, não será possível chegar à solução única para o sistema.

Depois de reescrevermos um sistema de equações lineares, arranjamos as equações em formato de matriz aumentada. Essa matriz é composta de duas matrizes menores. A matriz menor situada à esquerda é construída com base nas expressões à esquerda do sinal de igualdade. Já a matriz menor situada à direita é composta das constantes à direita do sinal de igualdade das expressões.

Observe o sistema de equações lineares a seguir.

$$3x - 6y + 1,5z = 6$$
$$9x + 3y - 1,5z = 15$$
$$-3x + 9y - 3z = -9$$

Essa sistema pode ser reescrito em sua forma matricial:

$$A = \begin{vmatrix} 3 & -6 & 1,5 \\ 9 & 3 & -1,5 \\ -3 & 9 & -3 \end{vmatrix}$$

$$B = \begin{vmatrix} 6 \\ 15 \\ -9 \end{vmatrix}$$

A matriz estendida é a concatenação entre A e B, ou seja:

$$A = \begin{vmatrix} 3 & -6 & 1,5 & 6 \\ 9 & 3 & -1,5 & 15 \\ -3 & 9 & -3 & -9 \end{vmatrix}$$

Para resolver o sistema de equações lineares, o SciLab™ tem algumas funções muito interessantes. A primeira é a função "linsolve()", com a qual é possível resolver o sistema de equações no seguinte formato:

$$Ax + (-B) = 0$$

Em que a matriz A é a forma matricial do sistema de equações lineares, X é uma matriz coluna que contém as incógnitas da expressão e a matriz B é outra matriz coluna com o resultado do sistema. Como a matriz B passou para o lado esquerdo da equação, devemos realizar a multiplicação por (–1). A função "linsolve()" necessita de apenas dois argumentos, no caso A e B, como podemos observar a seguir:

```
--> A = [3 -6 1.5; 9 3 -1.5; -3 9 -3]
A =
3. -6. 1.5
9. 3. -1.5
-3. 9. -3.
--> B_n = [-6;-15;9]
B_n =
-6.
-15.
9.
```

Veja que B foi multiplicada pelo fator –1 para ser inserida na função "linsolve()" de forma apropriada. Agora que as matrizes A e B foram declaradas, a função "linsolve()" é empregada para se encontrarem as incógnitas de forma instantânea:

```
--> X = linsolve(A,B_n)
X =
2.
1.0000000
4.0000000
```

Observamos, portanto, o vetor X contendo o resultado da solução para o sistema de equações lineares. Um fato interessante é a quantidade de zeros após os dois elementos da matriz X, que mostra um valor aproximado. O resultado realmente é o número 4, no entanto, o sistema do SciLab™ encontra o valor "3.9999999999999947". Isso se deve ao fato de que o sistema realiza alguns processos de multiplicação e de divisão ao implementar seu algoritmo interno de busca de resultado para a função "linsolve()". Nesse processo, pode haver simplificações e arredondamentos, impactando o resultado obtido.

Apresentamos a seguir mais um exemplo do uso da função "linsolve()", agora para uma matriz 4x4:

```
--> A = [0 8 0 4; 8 8 12 8; 16 -12 0 4; 24 4 -24 -20];
A =
0.   8.   0.   4.
8.   8.   12.  8.
16.  -12. 0.   4.
24.  4.   -24. -20.
--> B = [0; -6; -21; 18]
B =
0.
-6.
-21.
18.
--> X = linsolve(A,B)
X =
0.3750000
-0.7500000
-0.2500000
1.5000000
```

Uma outra forma de realizar a solução de um sistema linear é utilizando a inversa da matriz. Isso é possível pois, dadas duas matrizes A e B, temos:

$$Ax + B = 0$$
$$Ax = -B$$
$$x = A^{-1}(-B)$$

Então, o vetor x, que contém as incógnitas do sistema, pode ser encontrado pela multiplicação entre a inversa de A e a matriz B (nesse caso, a matriz B é multiplicada por –1). Utilizando nosso exemplo anterior de A e B, obtemos:

```
--> A = [0 8 0 4; 8 8 12 8; 16 -12 0 4; 24 4 -24 -20];
--> B = [0; -6; -21; 18];
--> A_inv = inv(A)
 A_inv =
-0.0064103  0.0320513  0.0224359  0.0160256
 0.0448718  0.025641  -0.0320513  0.0128205
-0.1324786  0.0790598 -0.0363248 -0.0021368
 0.1602564 -0.0512821  0.0641026 -0.025641
--> A_inv * (-B)
 ans =
 0.3750000
-0.75
-0.2500000
 1.5000000
```

Outra função que pode ser usada para resolver sistemas lineares no SciLab™ e utiliza a inversa de uma matriz para poder chegar ao resultado é a função "rref()". Essa função computa a matriz-linha reduzida à forma escada por transformações de LU. Para construir esse tipo de matriz, é necessário passar dois argumentos: primeiro, a matriz estendida (no código a seguir utilizamos uma concatenação entre A e B); segundo, o argumento de matriz identidade com tamanho igual ao da matriz A. A última coluna do resultado é o vetor com a resolução das incógnitas.

```
--> rref([A (-B)], eye(4,4))
 ans =
 1.  0.  0.  0.   0.375
 0.  1.  0.  0.  -0.75
 0.  0.  1.  0.  -0.25
 0.  0.  0.  1.   1.5
```

O QUE É

Grafo: é uma estrutura matemática composta de arestas e nós (vértices). Pode ser representado por uma forma gráfica em que os nós são círculos e as arestas são linhas. Os nós são ligados entre si pelas arestas, que podem ser definidas pela chamada *matriz de adjacência*. Nesse tipo de matriz, a quantidade de vértices deve ser igual à quantidade de linhas e de colunas. Se existir uma conexão entre dois vértices i e j, um elemento diferente de zero será colocado na matriz de adjacência na linha i e na coluna j. Veja o exemplo da figura a seguir.

Figura 2.10 – Exemplo de grafo

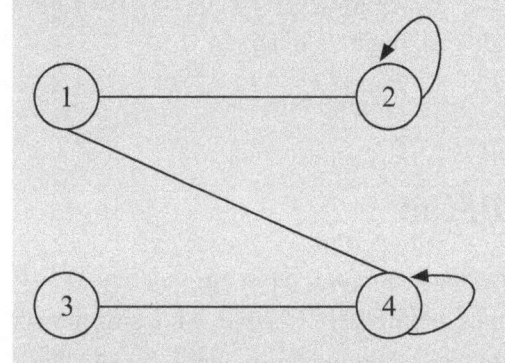

Esse grafo pode ser representado pela matriz A:

$$A = \begin{matrix} 0 & 1 & 0 & 1 \\ 1 & 1 & 0 & 1 \\ 0 & 0 & 0 & 1 \\ 1 & 0 & 1 & 1 \end{matrix}$$

2.3 Autovalores e autovetores

O autovalor é um escalar, ou seja, um elemento que pode ser associado a uma matriz. Ele é representado pela letra λ e pertence aos reais. A matriz associada A deve ser uma matriz quadrada. Para que essa associação exista, é necessária a presença de um vetor não nulo que multiplica tanto a matriz A quanto o autovalor λ, de tal forma que:

A v = v

Uma das maneiras de encontrar os autovalores de uma função é utilizando a expressão característica:

$\det(A - I) = 0$

Para determinar os autovalores e os autovetores de uma matriz quadrada, o SciLab™ dispõe da função "spec()", a qual apresenta dois modos de operação. O primeiro é utilizado para obter os autovalores de uma matriz. Nesse formato, é necessário apenas atribuir o resultado da função "spec()" para uma variável qualquer. No exemplo a seguir, vamos colocar o resultado da função para uma variável intitulada *autovalores*:

```
autovalores=spec(A)
```

No segundo modo de operação da função "spec()", é necessário atribuir o resultado dessa função a duas variáveis distintas utilizando-se o símbolo de colchetes e separando-as por vírgula, conforme exposto a seguir. A primeira variável de resposta é uma matriz que contém os autovetores associados da matriz A. A segunda variável de resposta é uma matriz diagonal com os autovalores apresentados ao longo da diagonal:

```
[R,diagevals]=spec(A)
```

2.4 Outros problemas de álgebra linear

A decomposição LU é um processo de álgebra linear no qual, dado um sistema Ax = b, a matriz A pode ser substituída por duas matrizes distintas L e U, em que L é uma matriz do tipo triangular inferior e U é uma matriz do tipo triangular superior. A função "lu()" pode ser utilizada para transformar uma matriz A pelo processo de decomposição LU:

```
-->c = [1 4 2 3; 1 2 1 1; 2 6 3 1; 1 4 1 5];
-->[l,u]=lu(c)
l =
0.5 -1. 0. 1.
0.5 1. 0. 0.
1. 0. 0. 0.
0.5 -1. 1. 0.
u =
2. 6. 3. 1.
0. -1. -0.5 0.5
0. 0. -1. 5.
0. 0. 0. 3.
```

Síntese

Neste capítulo, relembramos conceitos fundamentais de matrizes e mostramos diversas funções do SciLab™ que envolvem essas estruturas. Pudemos perceber que o SciLab™ tem foco na construção e na manipulação de matrizes, apresentando várias facilidades para trabalhar com grande quantidade e variedade de dados.

Questões para revisão

1) Dadas as matrizes a seguir, realize as operações solicitadas no SciLab™:

$$A = \begin{pmatrix} 12 & 13 & -6 \\ 1 & 4 & 8 \\ 4 & -2 & 9 \end{pmatrix}$$

$$B = \begin{pmatrix} 5 & 6 & 2 \\ 11 & 9 & -8 \\ -9 & 3 & 9 \end{pmatrix}$$

$$C = \begin{pmatrix} 5 & 8 & 12 \\ -1 & 15 & 7 \\ -1 & -6 & 3 \end{pmatrix}$$

   a. $M = A + B + C$
   b. $M = (A.* C) * B$
   c. $M = \left(\dfrac{A}{B}\right) .*C$
   d. $M = (C^2)B$
   e. $M = sen(B)$
   f. $M = cos(A) .* cos(B)$
   g. $M = (A + B) / C$
   h. $M = A * C * B$

2) Encontre a inversa e o determinante das matrizes a seguir:

$$P = \begin{pmatrix} 1 & 3 & -5 & 6 & 8 & 12 \\ 2 & 8 & 4 & 9 & 6 & 5 \\ 6 & 9 & 9 & 4 & 7 & 3 \\ -6 & 2 & 3 & 4 & -9 & 1 \\ -1 & -7 & 8 & 3 & 15 & 7 \\ -1 & 5 & 12 & -1 & -6 & 3 \end{pmatrix}$$

$$Q = \begin{pmatrix} 10 & 3 & 7 & -5 & 3 & 18 \\ 12 & -1 & 2 & 4 & 1 & 0 \\ 7 & 4 & 1 & 3 & 8 & -7 \\ -6 & 3 & 0 & 3 & -4 & -9 \\ 2 & 1 & 8 & 6 & -3 & -4 \\ -1 & 1 & 0 & 12 & -1 & -6 \end{pmatrix}$$

3) Resolva os sistemas de equações lineares sem a ajuda do SciLab™ e, em seguida, confira os resultados no programa:

a.

$3w + 6x + 8y + 9z = 7$
$6w - 1x + 8y - 4z = 8$
$7w + 9x + 6y + 3z = 5$
$3w + 2x + 1y + 4z = -6$

b.

$3x + 9y = 10$
$5x + 1y - 1z = 5$
$-1x + 6y + 2z = 3$

c.

$4x - 8y - 3z = 15$
$2x + 2y - 1z = 13$
$-1x + 7y + 2z = -20$

4) Crie uma matriz esparsa A com 10 linhas e 10 colunas e, depois, realize as operações a seguir:

a. A + A.
b. [A A; A A; A A].
c. [4*A; 5*A; -6*A].

5) Para a matriz do exercício 4:

    a. Encontre a transposta de A.
    b. Imprima a quarta linha de A.
    c. Imprima a quinta coluna de A.
    d. Encontre o determinante de A.

Questões para reflexão

1) É possível criar uma matriz que contenha os valores de sen(x) com cada linha representando a função deslocada por um valor d, que aumenta a cada linha? Como se deve realizar essa construção?

2) Qual é a vantagem da utilização do tipo matriz esparsa? Como é possível converter a matriz original para esse formato e, depois, retornar ao tipo anterior?

3) Use apenas a função "diag()" e os operadores básicos do SciLab™ para gerar a matriz dada a seguir:

$$W = \begin{bmatrix} 5 & 5 & 5 & 5 & 5 & 5 \\ 2 & 5 & 5 & 5 & 5 & 5 \\ 1 & 2 & 5 & 5 & 5 & 5 \\ -1 & 1 & 2 & 5 & 5 & 5 \\ -1 & -1 & 1 & 2 & 5 & 5 \\ -1 & -1 & -1 & 1 & 2 & 5 \end{bmatrix}$$

Conteúdos do capítulo:
- Conceitos introdutórios de estatística.
- Conceitos básicos de programação.
- Análise de um grande volume de dados por meio de medidas estatísticas.
- Rotinas, algoritmos e sequências de cálculos avançados.
- Versatilidade do SciLab™.

Após o estudo deste capítulo, você será capaz de:
1. utilizar funções estatísticas;
2. gerar histogramas e manipular dados aleatórios;
3. compreender estruturas básicas de algoritmos de programação;
4. elaborar rotinas e *scripts* que envolvam diversos cálculos matemáticos;
5. criar funções personalizadas.

3
Estatística e programação no SciLab™

3.1 Estatística

A estatística é um dos braços da matemática que possui identidade própria. Entre suas propriedades, destaca-se a caraterística intrínseca de lidar com variáveis. Como ela abrange diversas áreas de conhecimento, não conseguiremos alcançar muitas delas, mas iremos considerar alguns conceitos que têm maior importância em razão de seu uso no dia a dia.

Alguns dos instrumentos básicos da estatística são as medidas de tendência central. A **média padrão** é obtida por meio da soma de todos os elementos avaliados dividida pela quantidade total desses elementos. Utilizando a função "mean()", calculamos a média dos elementos avaliados. Podemos usar para essa função uma entrada, um vetor ou até mesmo uma matriz. Imaginemos que um médico deseja calcular a média das idades de pessoas atendidas em uma enfermaria, por exemplo. Podemos colocar as idades no *software* para melhor visualização:

```
--> A = [1,1,2,5,9,6,3,6,78,6,8,25]
A =
1. 1. 2. 5. 9. 6. 3. 6. 78. 6. 8. 25.
--> media = mean(A)
media =
12.5
```

A segunda medida de tendência central analisada na estatística é a **média ponderada**, na qual se atribuem pesos para cada um dos valores avaliados. Essa medida é muito utilizada no cálculo de médias escolares, por exemplo. A função "meanf()" realiza essa operação e também pode receber como entrada um vetor ou uma matriz. Além disso, é necessário passar para a função um vetor ou uma matriz que tenha as mesmas dimensões que a entrada do vetor e contenha os pesos dos elementos, sendo que a posição de cada elemento no vetor ou na matriz deve ser a mesma de seu respectivo peso. Suponhamos que o médico do exemplo anterior atribuiu um peso para os pacientes por ordem de horário de chegada. Assim, aqueles que chegaram antes receberam peso 1, e o último, peso 6.

```
-->pesos = [1,1,1,1,1,2,3,3,2,4,4,6]
 pesos =
 1. 1. 1. 1. 1. 2. 3. 3. 2. 4. 4. 6.
-->mediap = meanf(A,pesos)
 mediap =
 14.448276
```

Observando que a média ponderada tem um valor maior do que o da média padrão, o médico pôde concluir que os pacientes que chegaram por último têm uma idade maior do que aqueles que chegaram nas primeiras horas.

Outra medida de tendência central é a **mediana**. Essa medida estatística deve ser calculada com um conjunto de dados ordenados, pois ela apresenta o valor central do conjunto considerado. No SciLab™, é possível utilizar a função mostrada a seguir para determinar a mediana de um vetor. A variável A utilizada anteriormente é o vetor considerado no cálculo da média padrão.

```
--> mediana = median(A)
 mediana =
 6.
```

No caso de matrizes, é possível empregar o mesmo comando com algumas instruções adicionais. Para realizar o cálculo da mediana para cada uma das linhas, utiliza-se a instrução "median(A,'r')", e, para o cálculo da mediana para cada uma das colunas, utiliza-se o comando "median(A,'c')".

3.1.1 Medidas de dispersão

As medidas de dispersão estatística são elementos que apontam alguma característica do conjunto de dados analisado. As principais delas – pode-se dizer que são as mais utilizadas – são a variância e o desvio-padrão. Ambas também podem ser calculadas pelo SciLab™.

Com a **variância**, é possível saber qual é a tendência de afastamento dos dados em relação à sua média. Trata-se de uma medida estatística muito empregada, pois, ao ser aplicada junto com a média e com outras medidas de tendência central, apresenta mais informações sobre o conjunto de elementos que está sendo avaliado. No SciLab™, ela é obtida por meio da função "variance()", conforme o exemplo a seguir:

```
--> A = [1 2 3 3 4 5 5 5 6 3 3]
A =
1. 2. 3. 3. 4. 5. 5. 5. 6. 3. 3.
--> v = variance(A)
v =
2.2545455
```

No SciLab™, o **desvio-padrão** é obtido por meio da função "stdev()". Essa também é uma medida de tendência muito utilizada na estatística e que provê informação sobre determinado conjunto de elementos. O desvio-padrão é obtido por meio do cálculo da raiz quadrada da variância. Ainda utilizando o exemplo dos valores anteriores, é possível calcular o desvio-padrão por meio da função "stdev()".

```
--> d = stdev(A)
d =
2.2545455
```

3.1.2 Histograma

O comando "histplot()" apresenta o histograma, um tipo de gráfico que mostra a distribuição de frequência de um conjunto de elementos, os quais são selecionados em subgrupos, faixas de valores ou classes. Essa função é muito utilizada na estatística para a visualização de tendências de um conjunto de dados.

Suponhamos que um astrônomo que estava estudando uma região da Lua levantou uma certa quantidade de tamanhos de diâmetro de crateras lunares, mostrada na tabela a seguir.

Tabela 3.1 – Tamanho das crateras lunares em km

41,12	59,91	100,48	16,29	1,02	7,81	21,26	29,14	22,53
6,59	9,82	12,7	24,59	46,57	0,14	114,15	28,01	51,89
4,83	12,76	14,81	50,02	29,49	22,03	11,12	93,91	1,48
1,29	10,02	78,81	65,55	59,08	6,83	19,78	1,12	9,91
10,48	111,29	9,02	74,9					

Em seguida, ele digitou os valores no SciLab™ e gerou um histograma com a função "histplot()" com 10 classes. Observe que, para que o *software* entenda o separador de casas decimais, deve ser utilizado ponto ao invés da vírgula:

```
-->crateras = [41.12    59.91   100.48  16.29   1.02    7.81    21.26   29.14
22.53   6.59    9.82    12.7    24.59   46.57   0.14    114.15  28.01   51.89
4.83    12.76   14.81   50.02   29.49   22.03   11.12   93.91   1.48    1.29
10.02   78.81   65.55   59.08   6.83    19.78   1.12    9.91    10.48   111.29
9.02    74.9];
-->histplot(10,crateras, normalization=%f, style=5)
```

Figura 3.1 – Histograma gerado pelo cientista, com 10 classes distintas

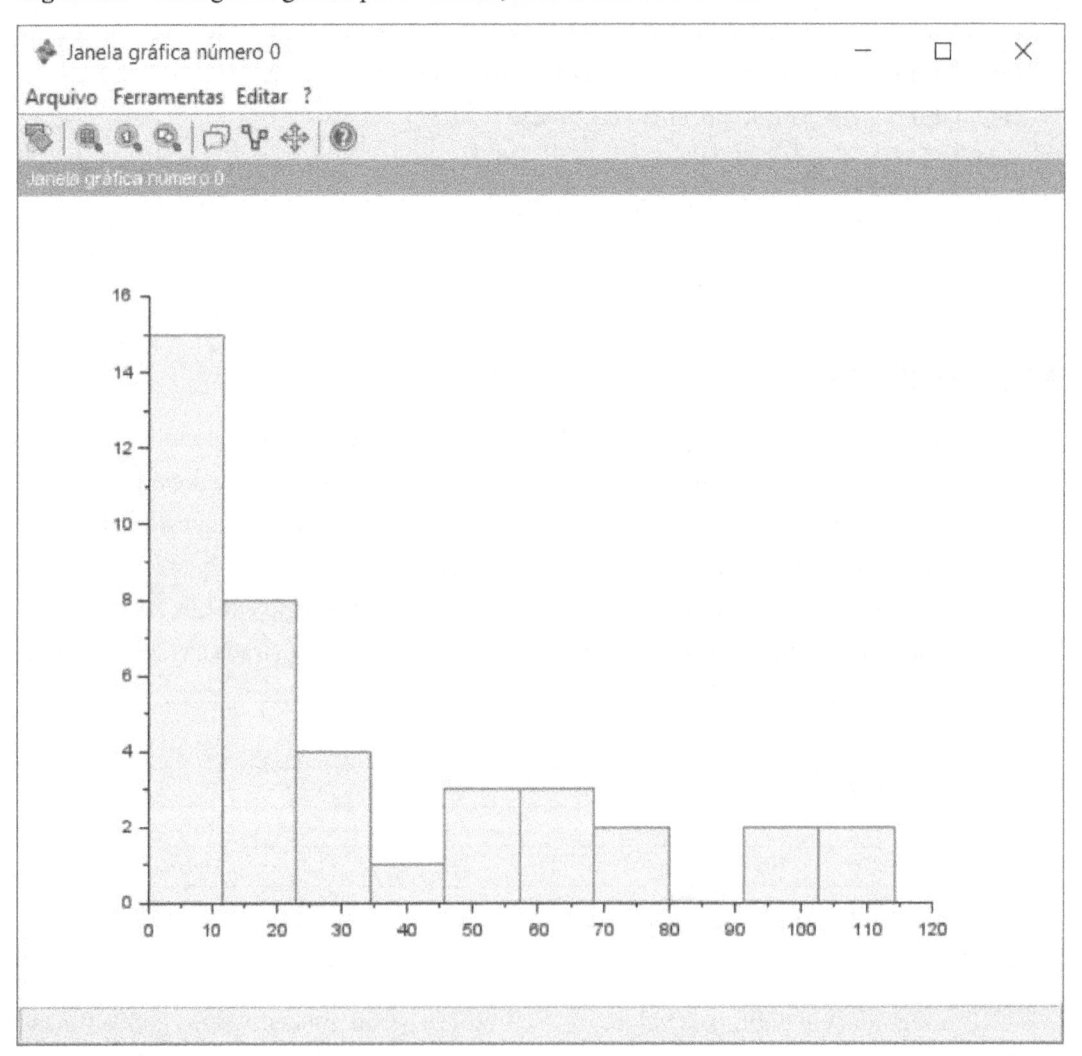

O histograma apresentado evidencia 10 classes diferentes, cada qual com um limite inferior e um limite superior da faixa de diâmetro das crateras. Assim, a primeira classe abrange as crateras com diâmetro de 0km < d ≤ 10km. Pode-se verificar que essa faixa tem a maior quantidade de itens, ou seja, 15 crateras. A segunda faixa de valores tem apenas 8 crateras e assim sucessivamente.

É importante também ressaltar que o parâmetro "normalization=%f" na declaração desabilita a normalização padrão da função. Nesse caso, o histograma apresenta no eixo *y* apenas a quantidade de elementos que estão dentro da faixa. O parâmetro "style=5" indica uma formatação de estilo do gráfico apresentado. É possível definir 10 estilos distintos inserindo nesse campo os algarismos de 0 até 9.

3.1.3 Variáveis aleatórias e geração de dados pseudoaleatórios

Uma **variável aleatória** é uma variável matemática cujo valor ou resultado está ligado a um grau de incerteza ou de indeterminação. Como é uma variável, pode assumir diferentes valores numéricos, os quais são definidos depois da ocorrência de um evento.

Uma variável aleatória é um valor inesperado que acontece em um evento e se encontra dentro de uma faixa de valores esperados ou definidos. Para ilustrar essa situação, podemos utilizar o exemplo de um dado, em que o evento é o ato de jogá-lo. A face do dado resultante é um valor inesperado, embora esteja dentro de uma faixa de valores definidos. Não conhecemos qual será o resultado, mas sabemos que ele está dentro da faixa S = {1, 2, 3, 4, 5, 6}. Esse conceito é muito usado em estatística para a modelagem de sistemas matemáticos baseados em eventos aleatórios. A definição matemática apresenta uma variável aleatória como uma função que faz o mapeamento (conversão) de um evento para um resultado que está dentro de uma faixa e valores.

A função "densidade de probabilidade" apresenta o comportamento de uma variável aleatória contínua. Trata-se de uma função que relaciona a probabilidade de uma variável aleatória tomar determinado valor. Por ser uma função, é possível considerar uma faixa entre dois pontos quaisquer; a área calculada pela integral dessa faixa limitada apresenta a probabilidade de a variável aleatória acontecer. Existem diferentes funções de densidade de probabilidade, as quais são usadas para modelar matematicamente diversos fenômenos físicos e químicos. Novamente, não iremos nos aprofundar nesse conceito teórico, pois nosso objetivo é mostrar que o SciLab™ dispõe de funções já prontas que geram dados que seguem determinada distribuição de probabilidade.

O SciLab™ consegue gerar um conjunto de dados pseudoaleatórios com base em funções de distribuição de probabilidade. O usuário tem o controle total da geração de dados por meio da passagem de diversos parâmetros na função "grand()". O termo *pseudoaleatório* é utilizado em preferência ao termo *aleatório*, pois, em tese, nenhum dado aleatório gerado pelo computador é escolhido completamente ao acaso. Os algoritmos utilizados para gerar dados aleatórios sempre se baseiam em um esquema determinístico, e a base de geração de seus valores utiliza um valor constante. Embora os algoritmos sejam muito bem construídos para gerar dados que estejam muito próximos da aleatoriedade científica, o procedimento de geração de variável aleatória baseado em um esquema pseudoaleatório nunca estará livre de vícios. De qualquer modo, os métodos de implementação para a geração de dados pseudoaleatórios são muito bons.

Quadro 3.1 – Relações entre distribuições de probabilidade e códigos no Scilab™

Código	Nome da distribuição
bet	Distribuição do tipo Beta
bin	Distribuição do tipo Binomial
nbn	Distribuição do tipo Binomial negativa
chi	Distribuição do tipo Qui-quadrado
nch	Distribuição do tipo Qui-quadrado não central
exp	Distribuição do tipo Exponencial
gam	Distribuição do tipo Gama
nor	Distribuição do tipo Normal
geom	Distribuição do tipo Geométrica
poi	Distribuição do tipo Poisson
def	Distribuição do tipo Uniforme [0,1)
unf	Distribuição do tipo Uniforme reais
uin	Distribuição do tipo Uniforme inteiros
lgi	Distribuição do tipo Uniforme

Agora, vamos utilizar a função "grand()" para gerar números aleatórios que seguem a distribuição normal.

```
--> m = 10;
--> n = 5;
--> media = 0;
--> desvPadrao = 1;
--> Y = grand(m, n, "nor", media, desvPadrao)
Y =
 1.2918002  0.3571504  -0.3363223  -0.3897603  -2.1858799
 2.6256052  0.1118795   0.716895   -0.2010707  -0.1883674
-0.5688052 -0.7279805  -0.7986626   0.3744835   0.1293763
 0.2906064  0.9887455   1.7400553  -0.0902762   0.5966759
 0.324265   0.0486442   0.3914477   1.467307    0.0291623
-0.5803811 -0.0122945   2.5658818  -0.3015501  -0.3242705
-0.3281847  0.7450774  -0.7689665  -1.0920588  -0.8141229
-0.4295289  1.0109514  -1.1487139   0.5843234   0.5606329
 0.6348606  0.0042534  -0.0720226  -0.7451082  -1.01301
-1.1004344  1.6112544  -1.4097256   1.0640492   0.0070825
```

Esse trecho de programa permite a geração de uma matriz Y com m = 10 linhas e n = 5 colunas com números aleatórios. Esses números seguem a distribuição normal, portanto, nesse caso, eles obedecem a uma função de densidade de probabilidade que segue a distribuição normal. Existem dois parâmetros que devem ser observados na função densidade de probabilidade normal: a média e o desvio-padrão. Dependendo do tipo de distribuição a ser escolhido, as quantidades de parâmetros e as definições mudam. Para mais detalhes, sugerimos o *site* SciLab™ Online Help (Dassault Systèmes, 2022)[1], que contém as descrições dos parâmetros e suas respectivas quantidades. No exemplo, optamos por definir a média igual a 0 (zero) e o desvio-padrão igual a 1. É possível conferir se os dados aleatórios gerados seguem o que foi solicitado. Veja o trecho a seguir:

```
--> mean(Y)
 ans =
 0.0928994
--> stdev(Y)
 ans =
 0.9556010
```

Realmente, podemos observar que os valores aleatórios têm média próxima de 0 (zero) e desvio-padrão muito próximo de 1. Também é possível gerar um gráfico para podermos verificar o comportamento dos diversos dados gerados.

```
histplot(15, Y, normalization=%f, style=5);
```

---

1 DASSAULT SYSTÈMES. **SciLab Online Help**. 2022. Disponível em: <https://help.scilab.org/doc/5.5.2/en_US/grand.html>. Acesso em: 15 ago. 2023.

Figura 3.2 – Histograma dos dados aleatórios (distribuição normal com 50 amostras)

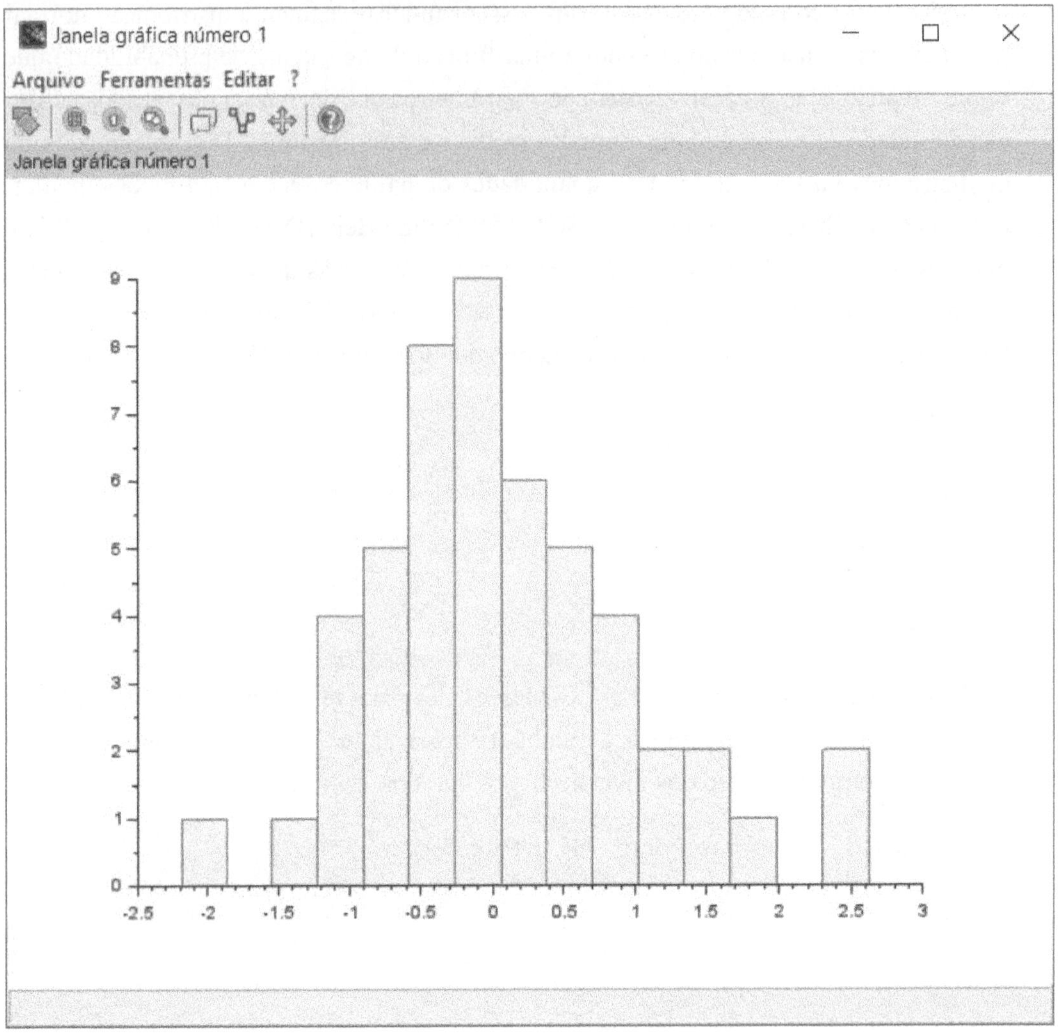

Nesse caso, podemos observar que a maior quantidade de dados está próxima de 0 (zero) e o desvio-padrão (associado à dispersão dos dados em relação à média) segue o indicado igual a 1.

Agora, vamos gerar mais dados, pois, dessa forma, a média e o desvio-padrão dos dados devem ficar mais próximos dos valores indicados e a curva de dados deve se tornar mais suave.

```
--> Y = grand(100, 50, "nor", media, desvPadrao);
--> mean(Y)
 ans =
 0.0022228
--> stdev(Y)
 ans =
 1.0138827
--> histplot(15, Y, normalization=%f, style=5);  --> mean(Y)
```

Figura 3.3 – Histograma dos dados aleatórios (distribuição normal com 5000 amostras)

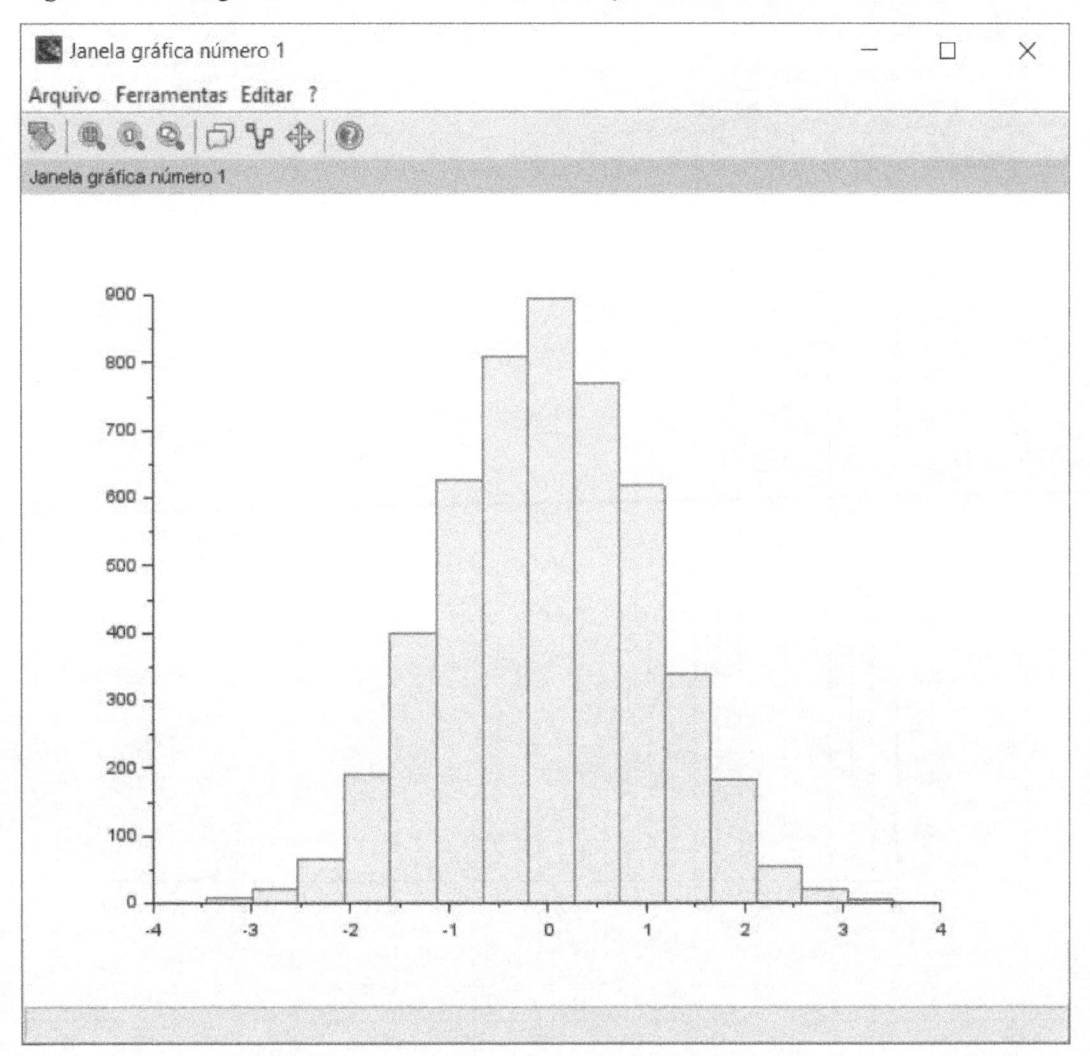

Observamos que os valores calculados da média e do desvio-padrão estão mais próximos dos valores teóricos, além de que o histograma (que contém mais dados) tem um formato mais suave e próximo da distribuição normal teórica. Sugerimos que você explore essa função gerando dados aleatórios e verificando o comportamento das curvas. Apresentamos mais um exemplo a seguir.

```
Y = grand(100, 50, "chi", 5);
--> histplot(35, Y, normalization=%f, style=5);
```

Figura 3.4 – Histograma dos dados aleatórios (distribuição qui-quadrado com 5000 amostras)

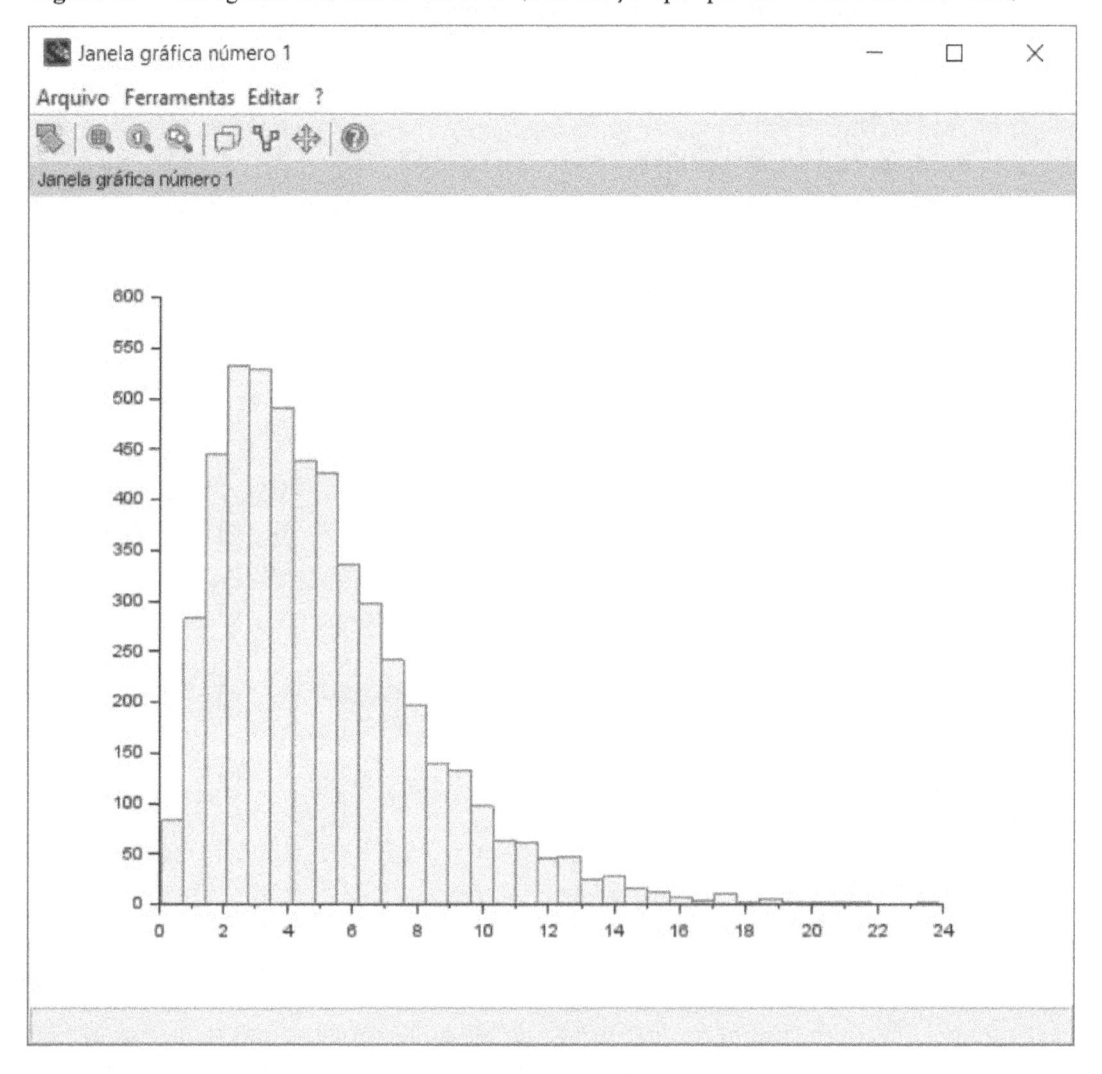

Neste último exemplo, geramos amostras aleatórias que seguem a distribuição qui-quadrado, com k = 5 graus de liberdade. Como ficaria o histograma para essa distribuição com k = 6 graus de liberdade? Você conseguiria gerar esse gráfico?

3.2 Programação

Como já percorremos um grande caminho até aqui, alguns conceitos de programação já foram estudados, como o tratamento de variáveis e a criação de funções. Entretanto, analisaremos ainda algumas estruturas de programação que o SciLab™ permite que seus usuários desenvolvam para que sejam elaborados diversos algoritmos.

Um **algoritmo** é uma estrutura de comandos ou de expressões realizadas em sequência. Ele é estudado nas áreas da matemática e da computação. O objetivo final de um algoritmo é a resolução de determinado problema. Podemos dizer, então, que a sequência de procedimentos bem organizados e cujo resultado leva à solução de determinado problema é um algoritmo.

Ao longo dos anos, a matemática e a lógica têm sido empregadas como formas de estruturação de algoritmos. É muito comum encontrarmos nas literaturas acadêmicas esquemas organizados que buscam a solução de um problema matemático. Tomamos como exemplo a sequência de passos para se encontrar a resolução de um sistema linear ou a regra de Sarrus, ambas estudadas no Capítulo 2. Esses procedimentos representam sequências de passos matemáticos ordenados que buscam determinada resolução. Podemos dizer que esses dois exemplos são *algoritmos*.

Nos últimos anos, com o avanço da computação, diversos algoritmos para a solução de qualquer tipo de problema, simples ou complexo, puderam ser implementados por meio de programas de computador. Dessa forma, podemos afirmar que a programação de computadores é a forma mais eficiente de se desenvolverem algoritmos, os quais, uma vez implementados em forma de programa de computador, podem chegar a resoluções de problemas altamente complexos em frações de segundo.

Embora seja um *software* muito completo, o foco principal do SciLab™ é a programação matemática. Dessa forma, algumas estruturas encontradas em linguagens de programação não podem ser encontradas no programa, como a manipulação de gerenciamento de memória encontrada em linguagem C, que não é implementada de forma trivial. Outras estruturas presentes em linguagens de programação orientadas a objetos não são realizadas pelo SciLab™. Essas são algumas situações que o usuário que já é familiarizado com linguagens de programação pode estranhar, mas facilmente consegue se adaptar a elas. Primeiramente, por ser uma linguagem interpretativa, não é possível implementar, no momento da execução de cada uma das linhas, um programa que tenha classes e objetos. O fato de ser interpretativa coloca a filosofia de programação do SciLab™ em um estilo imperativo, ou seja, o programa realiza cada comando de forma sequencial.

3.2.1 *Scripts* de programação no SciLab™

Um dos problemas da utilização da janela de console do SciLab™ é que os comandos devem ser inseridos linha por linha. Isso, muitas vezes, pode ser frustrante para o caso de execução de tarefas automáticas.

Um *script* é um poderoso recurso disponibilizado pelo SciLab™ que possibilita ao usuário criar um documento que executa diversos comandos em sequência. Utilizamos a ferramenta de *scripts* do SciLab™ tanto para criar um programa de computador quanto para implementar uma nova função.

O nome do recurso disponibilizado pelo SciLab™ é *Scinotes*, e ele se encontra disponível na barra de ferramentas do programa, no canto superior esquerdo, sendo destacado na imagem apresentada a seguir.

Figura 3.5 – Localização do recurso Scinotes

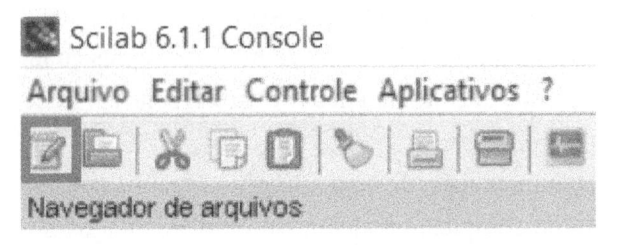

Fonte: Dassault Systèmes, 2023b, destaque nosso.

Ao clicar no ícone destacado na Figura 3.5, o recurso Scinotes é aberto. Ele consiste em um editor de texto que já está preparado para ler e interpretar os comandos do SciLab™. Lembre-se que o SciLab™ é uma linguagem interpretada, ou seja, a cada comando executado o sistema computacional processa e realiza a tarefa. Outras linguagens de programação necessitam que o programa desenvolvido seja compilado (traduzido como um todo para uma linguagem de máquina) para, só então, ser executado.

Os comandos que devem ser digitados no Scinotes são os mesmo que podem ser digitados na janela de console do SciLab™. No entanto, ao utilizar o Scinotes, é importante sempre atentar-se para colocar o sinal de ponto e vírgula após o comando a fim de evitar que a janela de console apresente todas as saídas (retorno) de todos os comandos digitados.

Como o *script* tem a necessidade de ser rápido, a aplicação do ponto e vírgula após cada um dos comandos evita o retorno de todos os elementos envolvidos, acelerando ligeiramente a execução do *software*. Por fim, na maioria dos casos, ao executarmos um *script*, estamos interessados no resultado final do processo; para tanto, geralmente não colocamos ponto e vírgula em sua última linha.

Com o Scinotes, é possível criar funções complexas com várias linhas de programação. Veremos mais essas funções e como utilizar o Scinotes para desenvolver funções específicas na próxima sessão.

Para alterar o estilo e as cores da fonte, o usuário pode escolher o caminho "Opções>Preferências". Entretanto, sugerimos utilizar a fonte padrão, pois todos os caracteres terão o mesmo tamanho, tornando o programa escrito mais bem formatado para melhor visualização e entendimento. O editor do SciLab™ abre o arquivo com o nome "Sem nome 1"; dessa forma, o programador/usuário deve tomar cuidado tanto para trocar o nome desse arquivo quanto para salvá-lo.

Um excelente princípio de programação é utilizar recuos de texto (parágrafos ou quantidade de espaços) dentro de um bloco de programa. Essa dica pode ser empregada em todas as linguagens de programação como forma de boa prática. Em geral, os programadores utilizam como recuo quatro espaços ou uma tabulação (tecla TAB). Assim, o programa fica mais legível e permite seu entendimento em blocos separados para que o usuário avalie cada um deles de forma isolada. O *software* entenderá se não houver recuos, no entanto, pode ser muito difícil para o programador ou o usuário que for usar o *script* entender esse bloco de código.

Para inserir comentários no programa, deve-se utilizar duas barras "//". Tudo o que estiver na linha após as barras será considerado comentário pelo interpretador do programa SciLab™ e será descartado no momento do programa. Comentários são úteis para explicar as variáveis, as lógicas, as operações e os algoritmos desenvolvidos ao longo do uso do *software* para que outros possam compreender o que foi executado.

Agora, vamos criar um *script* simples utilizando o Scinotes. Para isso, devemos abrir um novo arquivo do Scinotes e digitar as linhas mostradas a seguir:

```
x = linspace(0,2*%pi);
y = sin(x)+rand(1,100);
plot(y,'or:')
xlabel('tempo');
ylabel('amplitude');
title('Onda seno com ruido')
set(gca(),"grid",[1 1])
```

Outra forma de definir um vetor com espaços regulares é utilizar a função "linspace()". A sintaxe do comando é simples: os dois primeiros argumentos especificam os valores inicial e final, respectivamente, e o terceiro argumento define a quantidade total de valores para o intervalo considerando os pontos inicial e final. Essa é uma excelente forma de definir um vetor igualmente espaçado e com valores inicial e final bem estabelecidos.

No exemplo anterior, a função "linspace(0,2*%pi)" define 100 pontos dentro do intervalo [0, 2π] para ser utilizado no eixo *x*. Na próxima linha da programação, é realizado o cálculo da função seno para cada um dos pontos do eixo *x*. Na mesma linha, é executada uma soma de pontos gerados de forma aleatória. Nesse caso, é empregada a função "rand()", que gera números aleatórios. Ela pode ser usada de forma semelhante à da função "grand()" apresentada no final da sessão anterior. A função "rand()", no entanto, é mais simples e não apresenta tantas opções de saída como a função "grand()". De forma padrão, "rand()" gera números aleatórios com distribuição uniforme.

Deve-se clicar em "Executar" na barra de menu no canto superior da tela de console e, depois, em "Salvar" e "Executar". Uma janela gráfica vai ser aberta e mostrar o resultado do *script*. Observe que na tela de console só houve uma chamada do *script*.

Figura 3.6 – Resultado da programação no *script*

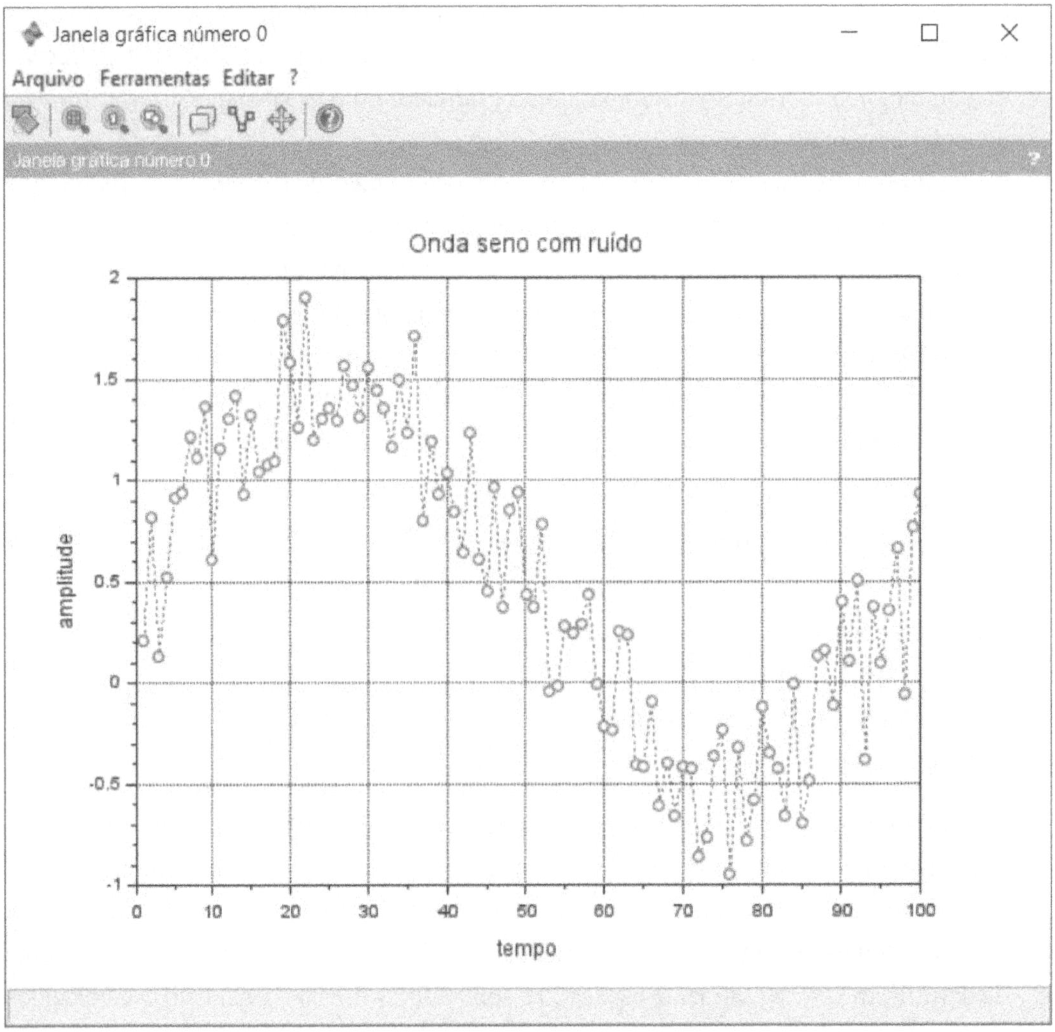

A onda seno é apresentada de forma gráfica no final do *script*, mas é possível observar que ela está corrompida, ou seja, apresenta diversas variações em cada um de seus pontos. No entanto, podemos verificar que a forma de onda seno ainda é notada.

3.2.2 Criando funções

Por meio do Scinotes, é possível criar funções personalizadas. Utilizaremos um exemplo para ilustração e depois apresentaremos mais detalhes sobre o uso de funções. Abrindo um novo arquivo no Scinotes, podemos criar uma função que calcula o índice de massa corporal (IMC). Esse índice é gerado pela expressão:

$$IMC = \frac{\text{massa do indivíduo}}{(\text{altura do indivíduo})^2}$$

Implementando a expressão no Scinotes, temos:

```
function [resultado] = imc(massa,altura)
alturaQuadrado = altura * altura;
resultado = massa/alturaQuadrado;
endfunction
```

A palavra reservada "function" passa o comando ao SciLab™ de que o *script* em questão é uma função. Ela deve ser a primeira palavra do programa.

Uma palavra reservada é usada pelo próprio programa como uma diretiva de comando e não pode ser utilizada pelo usuário. Não podemos criar uma variável chamada *function*, pois essa palavra já está reservada. Existem diversos termos reservados, como *function*, *if*, *for*, *cd*, *end* e *break*, além do nome de todas as funções já existentes no SciLab™.

Em seguida, temos uma variável dentro de um colchete, que é o retorno do programa, ou seja, um dado que será devolvido depois do processamento da função. Nesse caso, utilizamos a variável "resultado", a qual receberá o resultado da operação entre as variáveis massa e altura ao quadrado. Podemos também colocar mais de um valor de retorno, como será ilustrado em um próximo exemplo.

Depois dos valores de retorno que ficam dentro dos colchetes, é necessário colocar o sinal de igual ("="). Em seguida, devemos definir o nome da função, nesse caso, foi escolhido o nome *imc*, que não é uma palavra reservada e pode ser utilizado. Ao escolher o nome da função, é indicado para o programador optar por um termo fácil para que possa ser memorizado e associado rapidamente. Lembramos que o SciLab™ é uma linguagem *case sensitive* e, portanto, faz distinção entre letras maiúsculas e minúsculas.

Depois de escolher o nome da função, devem ser declaradas as variáveis de entrada dentro de parênteses. Nesse caso, foram utilizadas as variáveis "massa" e "altura". O SciLab™ permite a inserção de uma ou mais variáveis de entrada.

Na sequência, é adicionada a programação da função propriamente dita. É importante ressaltar que o SciLab™ imprime na tela do console todos os resultados das linhas que não têm o sinal de ponto e vírgula (";"). Assim, é recomendado que, ao escrever-se um programa no SciLab™, todas as linhas de comando contenham esse sinal para evitar que o programa, ao ser executado, jogue diversos valores na tela. Isso é mais evidente quando trabalhamos com matrizes grandes. O fato de imprimir na tela diversos valores torna o programa mais lento e apresenta informações desnecessárias.

Por fim, após todo o desenvolvimento do programa, a última linha deve conter a palavra reservada *endfunction* para indicar que a função terminou.

Para que o SciLab™ entenda a nova função recém-criada, é necessário carregá-la para que o programa a incorpore no rol de outras funções nativas em memória. Para tanto, é necessário utilizar uma função nativa do próprio SciLab™, chamada "exec()". Essa função necessita que seu parâmetro de entrada seja o nome da função com a extensão ".sci" ou ".sce", como no exemplo a seguir:

```
--> exec('imc.sci')
```

Também é importante verificar o diretório atual de trabalho no console. Para isso, podemos digitar o comando "pwd".

```
--> pwd
ans =
C:\Users\autor\Documents"
```

O SciLab™ indica o caminho completo ao diretório atual. A função a ser carregada deve estar nesse local. O usuário pode navegar pelos diretórios por meio dos comandos "cd..." para subir um diretório acima ou utilizar "cd NomeDoDiretorio" para entrar em um específico.

Após realizar o carregamento da nova função, o SciLab™ não a executou, mas apenas a carregou em seu ambiente de trabalho interno. Dessa forma, a função "imc()" se encontra no mesmo local em que estão as demais funções nativas. É possível notar que, ao utilizar a função "exec()" sem o ponto e vírgula no final, é apresentado como retorno todo o conteúdo do *script* com a função.

É possível criar funções que tenham duas ou mais saídas, para tanto, é necessário escrever os resultados dentro de colchetes, conforme o exemplo a seguir.

```
function [resultado1, resultado2]=testeX(a, b)
resultado1 = (a .* b)/cos(b);
resultado2 = (a .* b)/sin(a)
endfunction
```

No momento em que ela for invocada pelo usuário no ambiente de console ou mesmo dentro de um *script* ou de outra função, se não forem especificadas duas variáveis de saída, apenas a primeira variável será mostrada. Em nosso exemplo, é a variável "resultado1":

```
--> testeX(1,3)
 ans =
-3.0303260
--> [resultado1, resultado2]=testeX(1, 3)
 resultado1 =
-3.0303260
 resultado2 =
3.5651853
```

Figura 3.7 – Gráfico da função com duas saídas

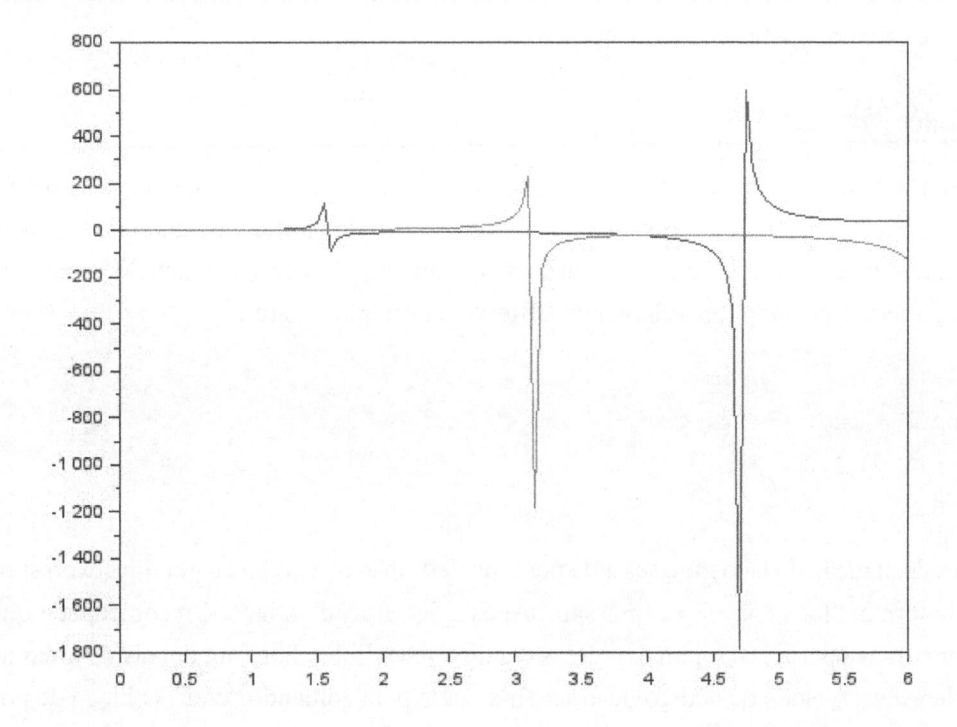

A Figura 3.7 apresenta a função "plot()" para o argumento de seu respectivo quadro de comando.

```
[resultado1, resultado2] = testeX([0:0.05:6],[0:0.05:6])
--> plot([0:0.05:6], resultado1);
--> plot([0:0.05:6], resultado2,'r');
```

3.3 Comandos de repetição

As estruturas de controle são divididas em duas categorias: (1) estruturas de repetição e (2) estruturas de seleção. Elas são importantes formas de execução de comandos de forma ordenada e facilitam o trabalho de desenvolvimento da programação.

Comandos de repetição são declarações do SciLab™ que permitem que um bloco de programação seja repetido por diversas vezes. Esse tipo de estrutura é muito interessante, pois o programador necessita realizar procedimentos repetitivos em seus programas. Ela é muito utilizada na maioria das linguagens de programação, consistindo em um dos pilares fundamentais dos paradigmas de programação atuais. Felizmente, o SciLab™ também adotou essas estruturas muito conhecidas, além de trazer uma sintaxe muito clara e de fácil entendimento para o programador iniciante. O cálculo do Mínimo Múltiplo Comum (MMC) entre dois números é realizado de forma repetitiva. Nesse caso, os números avaliados sofrem um processo de divisões sucessivas até o encontro do menor múltiplo comum entre ambos. Assim, uma estrutura de repetição permite a implementação desse tipo de cálculo repetitivo e sequencial.

3.3.1 Laço *for*

O laço "for" é uma estrutura de repetição. O bloco de código (também chamado de *escopo*) é um pedaço desse código que se encontra entre a definição de comando de "loop" e a palavra reservada *end*. Para determinada quantidade de iterações, aquele pedaço de código será executado repetidamente. Observe o exemplo a seguir:

```
a = 0;
for i = 1:5
a = (a+1) * 2
end
```

A declaração do laço *for* é seguida por uma definição de variável e por uma expressão, desta forma: "for variável = expressão". Após a declaração do laço, é recomendado que as próximas instruções sejam expressas em uma nova linha. Por fim, depois de todas as declarações, o bloco de código deve ser finalizado pelo comando "end". O bloco de programação que estiver depois da declaração do *for* e antes da diretiva "end" será executado repetidamente pela quantidade de vezes que foi especificada.

No exemplo anterior, foi escolhida a variável *i*, que é incrementada por meio da expressão (i = 1:5). É possível observar o resultado de cada uma das repetições, pois o comando dentro do laço não tem o sinal de ponto e vírgula, apresentando na tela de console o resultado da linha. Foi declarada uma variável chamada de *a* que será utilizada para ser incrementada por diversas vezes ao longo das iterações do laço.

Executando o bloco de código anterior, temos a seguinte saída do programa:

```
a =
2.
a =
6.
a =
14.
a =
30.
a =
62.
```

Ainda nesse exemplo, vamos analisar a declaração do *for*. Essa declaração estabelece o uso de outra variável, chamada de *i*, a qual é analisada pelo laço que a executa por diversas vezes, pois ela é entendida pelo laço como a variável de controle. A expressão que se segue depois da variável é de incremento de valores, bem conhecida pelos usuários do SciLab™. Essa expressão define uma sequência finita de valores de 1 a 5. A tradução do comando *for* ficaria assim: "Para a variável i igual a 1 até 5 execute". Dessa forma, o bloco de código é executado 5 vezes. Na primeira iteração, a variável *i* tem valor igual a 1. Ao executar o bloco de código a = (a+1) * 2, a variável *a* que tiver valor igual a 0 (zero) será somada com o valor 1, e o total será multiplicado por 2; esse resultado será atribuído novamente à variável *a*. O valor antigo de a = 0 será apagado e o novo valor de a = 2 lhe será atribuído. Observamos que a linha não tem ponto e vírgula, o que faz com que os valores de cada iteração sejam impressos na tela para sua visualização. Por fim, não existem mais instruções a serem executadas, pois a próxima linha é o comando "end".

Nesse ponto, o programa retornará à linha de declaração do *for* apenas para incrementar a variável *i*. Na segunda iteração, a variável *i* é igual a 2 pelo próprio fato de o incremento da variável de controle do laço *for* ser automático. A linha de código do laço será executada novamente, mas agora a variável *a* já inicializa com o valor igual a 2 e, assim, o resultado da operação se tornará igual a 6, que também será atribuído à variável *a*. Ao chegar ao fim do bloco, novamente voltamos ao início do laço *for* e a variável de controle *i* deverá ser incrementada mais uma vez; desse modo, na terceira execução que será avaliada: i = 3. A linha de código de *a* será executada também pela terceira vez, resultando agora em a = 14. Mais uma vez, chegando ao fim do bloco, o programa volta ao começo da declaração e atualiza o valor de *i* para 4, indicando a quarta iteração do laço. A linha de código de dentro do laço será executada, atribuindo o valor 30 para a variável *a*. O programa chega ao final do bloco e volta para a declaração do *for*. Agora, a variável *i* será incrementada e chegará ao valor final: 5. O laço será executado pela última vez, ou seja, a linha de programa de cálculo da variável *a* será realizada, resultando em 62. Por fim, o laço chegará à linha da diretiva "end", e como essa é a última iteração do laço *for*, ele será finalizado. Caso houvesse linhas na sequência após a declaração da diretiva "end", o programa iria executá-las.

O laço *for* permite também mais algumas formas de trabalho com várias possibilidades. Primeiramente, podemos escrever um novo laço conforme o bloco de programa a seguir:

```
n=4;
for i = 1:n
b = (i+3) * 5
end
```

Foi declarada uma variável intitulada *n* com valor igual a 4. A variável *n* será utilizada na declaração do laço *for* para definir a quantidade de vezes que ele será repetido, nesse caso, 4. Isso mostra que podemos passar um valor variável para o laço *for*, possibilitando que exista um controle por parte do programador na quantidade de vezes que o laço será repetido. Essa variável pode, por exemplo, ser recebida por uma função, fazendo com que o laço seja executado mais ou menos vezes, dependendo do conteúdo da variável de controle.

Depois da declaração do laço *for*, é possível observar que a variável *b* recebe o resultado de um cálculo que envolve a variável de controle *i*, que foi inicializada na declaração do laço *for*. Essa variável é de controle e informa a quantidade de iterações realizadas no laço. No entanto, ela pode ser utilizada nas instruções como uma variável.

Observe agora outro exemplo no qual a variável de controle do laço *i* é utilizada para multiplicar uma função seno, gerando, no resultado, uma mudança de amplitude na onda, de acordo com o gráfico apresentado na Figura 3.8.

```
x=linspace(0,16*%pi,1000);
a=zeros(1,1000);
for i = 1:1000
a(1,i) = sin(x(1,i))*i;
end
plot(x,a)
```

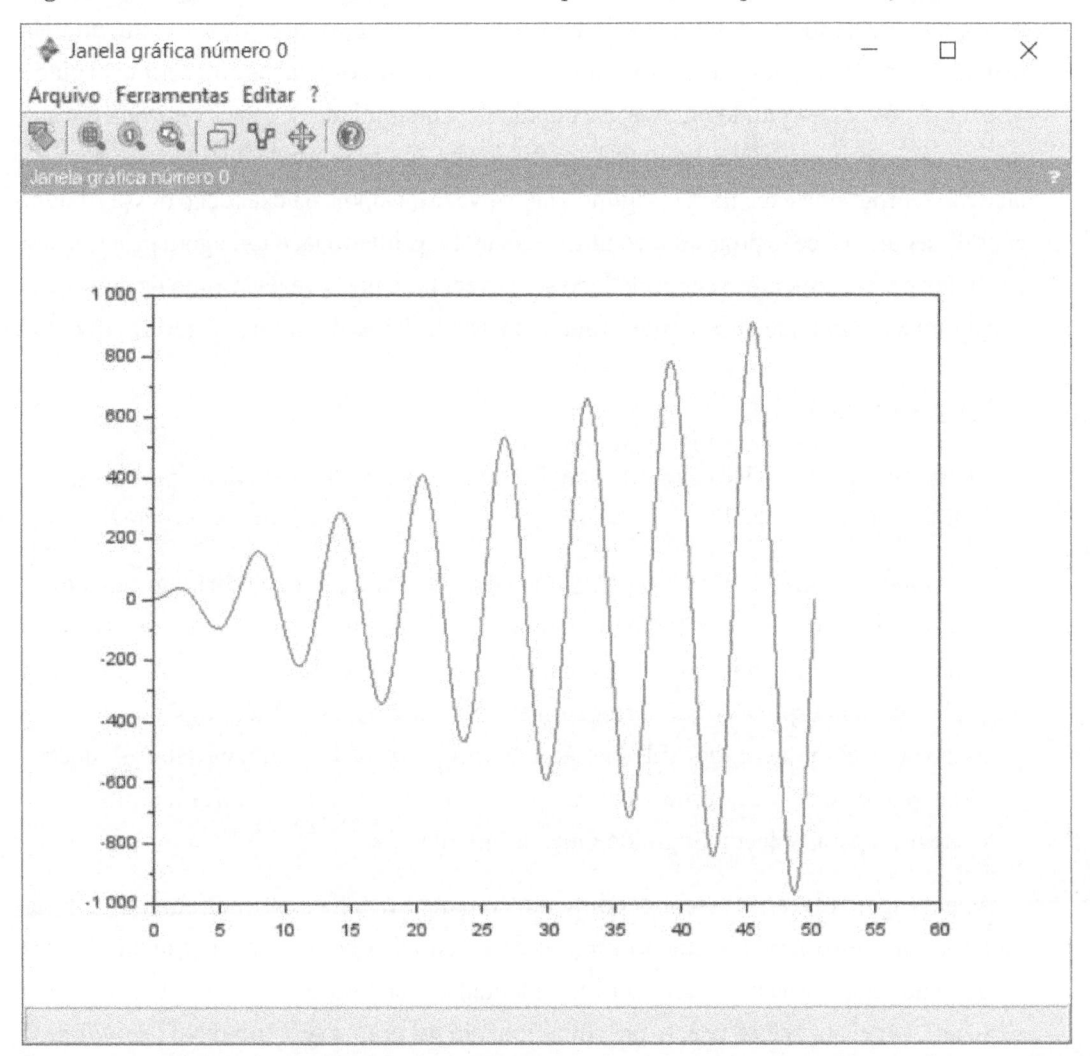

Figura 3.8 – Variável de controle *i* sendo utilizada para alterar a amplitude da função seno

É possível colocar um laço dentro de outro fazendo um esquema de laços aninhados, o qual é muito útil quando trabalhamos com matrizes, pois podemos gerar um esquema de laços em linhas e em colunas. Observe o exemplo a seguir:

```
for i = 1:3
for j = 1:4
A(i,j) = (i+j-1)*2
end;
end;
```

Nesse caso, é criada uma matriz A. Podemos observar que ela não é inicializada, ou seja, não é declarada inicialmente. No entanto, a cada iteração do laço *for* que será executada, essa matriz recebe um novo valor para o respectivo elemento de sua matriz.

Também percebemos o aninhamento de laços no qual um laço *for* é declarado dentro de outro. Assim, da forma como ela está construída, o primeiro laço *for* é executado pela primeira vez. Na sequência, o programa entrará em um novo laço, que será executado 4 vezes. Após esse segundo laço ser executado pela quantidade de vezes definida em sua declaração, o primeiro é executado pela segunda vez. Nessa segunda iteração do primeiro laço *for*, o programa executará o segundo laço 4 vezes. Depois da execução dessas 4 iterações do segundo laço, o programa voltará a executar o primeiro laço *for*, agora pela terceira e última vez. Novamente, o segundo laço será executado por 4 vezes. Como os dois laços chegaram à quantidade de vezes definida em suas declarações, ambos serão finalizados.

Para saber mais

O JOGO da imitação. Direção: Morten Tyldum. Estados Unidos: Diamond Films, 2014. 115 min.

O *Jogo da imitação* (2014) é um filme baseado em fatos reais dirigido por Morten Tyldum e estrelado por Benedict Cumberbatch. A história apresenta as origens da matemática computacional ao romancear a construção do primeiro computador. Cumberbatch interpreta Allan Turing, um extraordinário matemático inglês que tem a missão de quebrar a criptografia da máquina Enigma da Alemanha nazista. Ao decodificar planos e missões estabelecidas pelos nazistas, os aliados teriam vantagens estratégicas para vencer a Segunda Guerra Mundial.

Vamos agora reavaliar esse procedimento com mais detalhes. Primeiramente, a declaração do primeiro laço *for* atribui i = 1, e esse primeiro laço deve ser executado três vezes, sendo que a variável *i* deve ser incrementada a cada nova execução. Assim, o laço é executado pela primeira vez. A próxima linha do programa será um novo laço *for*, que tem uma variável de controle *j* que é diferente da variável *i* atribuída anteriormente; no momento inicial, j = 1. Dessa forma, esse laço deve ser executado 4 vezes. Na primeira vez que a linha de cálculo que envolve a matriz A é executada, i = 1 e j = 1, pois ambos os laços estão sendo executados pela primeira vez. Observamos que o processo de cálculo de cada um dos elementos da matriz A envolve também as variáveis *i* e *j*, porém estas não são alteradas, ou seja, são usadas apenas para calcular o elemento da matriz A em questão. Após realizar o cálculo e guardar o elemento A(1,1), o segundo laço será executado pela segunda vez, e o novo elemento A(1,2) será calculado. Observe que nesse ponto o programa ainda está dentro da primeira iteração do primeiro laço (por isso, i = 1) e na segunda iteração do segundo laço (por isso, j = 2). Após o segundo laço ser executado pela segunda vez, ele será executado pela terceira vez, realizando o cálculo de A(1,3). Por fim, o segundo laço será executado pela quarta e última vez, realizando o cálculo do elemento

A(1,4). Observe que, para a primeira iteração do primeiro laço, foram calculados todos os elementos da primeira linha da matriz A. Portanto, podemos dizer que, para esse caso, a variável *i* controla as linhas da matriz A, e a variável *j* controla as colunas da matriz A.

Como foram finalizadas as 4 iterações do segundo laço e ele foi finalizado, o programa deverá executar a segunda iteração do primeiro laço. Desse modo, a variável de controle do primeiro laço será alterada e i = 2. A próxima linha do programa declara o segundo laço *for* e inicializa *j* novamente. Observe que *j* é reinicializado, pois, nas iterações anteriores, o segundo laço *for* já havia sido executado 4 vezes e finalizado. Nesse ponto, portanto, o programa tem os valores de i = 2 e j = 1, permitindo que seja calculado o elemento A(2,1). Ainda dentro da segunda iteração do primeiro laço *for*, o segundo laço deverá ser executado por mais 3 vezes, incrementando a variável de controle *j* em cada caso e realizando os cálculos para A(2,2), A(2,3) e A(2,4). Finalizando as iterações do segundo laço, o programa voltará para o primeiro laço *for*. Agora, a variável de controle *i* será incrementada pela última vez. Nessa última situação, i = 3, e serão calculados todos os elementos da terceira linha da matriz A. Começando por A(3,1), pois novamente a variável *j* foi reinicializada. O segundo laço será executado no total de 4 vezes, nas quais serão calculados também os elementos A(3,2), A(3,3) e A(3,4).

Nesse exemplo, observamos que não foi colocado o ponto e vírgula após a instrução de cálculo dos elementos de A. Dessa forma, o SciLab™ imprime na tela cada uma das iterações dos laços. Incentivamos os leitores a realizar essa execução de programação para visualizar a criação da matriz A a cada iteração. É possível perceber também que a variável A aumenta de tamanho a cada iteração. Esse tipo de aumento dinâmico na quantidade de elementos de uma variável é uma vantagem da programação do SciLab™.

3.3.2 Laço *while*

O laço *while* é a segunda estrutura de repetição que vamos analisar. A palavra *while* significa "enquanto" na língua inglesa. Ele é similar ao laço *for*, no entanto, apresenta algumas características que necessitam de atenção do programador ou do usuário do SciLab™. A estrutura básica do laço *while* é a mostrada a seguir:

```
while expressão
    bloco de código
end
```

A primeira linha analisa uma expressão e, se esta for verdadeira, o bloco de código é executado. Ao final da execução do bloco de código, o programa volta a executar a linha de declaração do laço *while*, a expressão é analisada novamente e, se ela for verdadeira, o bloco de código é executado também. O laço continua sendo efetuado repetidamente, até a expressão analisada se tornar falsa. Quando isso acontecer, o programa não executará o bloco de código e sairá do laço, realizando, na sequência, as linhas do programa que se encontram após a linha "end" do laço *while*. Observe o trecho de programa mostrado a seguir:

```
avalia = 0;
while avalia < 4.5,
avalia = avalia+0.5
end
```

A variável "avalia" é inicializada com o valor 0. O programa analisa a declaração do laço *while* – a expressão "avalia < 4.5" é traduzida como: "a variável avalia é menor que 4,5?". Se a expressão for verdadeira, o programa executará o bloco de código em sequência até a linha "end". Como na primeira vez em que o programa analisou essa expressão, se ela for verdadeira, o programa executará o bloco de código interno ao laço *while*. Nesse exemplo, o bloco de código realiza apenas uma linha de instrução muito simples. A variável "avalia" é somada ao valor 0,5 e, em sequência, esse valor já será inserido como entrada para a variável. No final dessa linha de código, observamos que a variável não tem ponto e vírgula e, portanto, seu novo valor será impresso na tela. Dessa forma, o valor antigo da variável "avalia" é eliminado e, nessa iteração, ele é igual a 0,5. Como o bloco de código já terminou em apenas uma linha, o programa voltará ao início do laço e analisará a expressão novamente. A variável "avalia" ainda é menor do que 4,5 e, então, o bloco de código é executado outra vez. Esse processo é repetido no total de nove vezes. Observamos que, na nona iteração do laço, a operação que é executada adicionará 0,5 ao valor da variável "avalia", que era 4. Esse novo valor será imediatamente atribuído à variável (atualizando-a) e impresso na tela. Após esse bloco de código finalizar, o programa voltará ao início da declaração e analisará a expressão mais uma vez. Nessa última avaliação, a variável "avalia" é igual a 4,5 e, portanto, a expressão se torna falsa. Observe que foram executados nove vezes o bloco de código que se encontra dentro do laço *while*, sendo que a expressão de controle do laço foi realizada dez vezes. Na última avaliação da expressão, o resultado é um valor lógico falso e, assim, o bloco de código não é executado.

3.4 Estruturas de decisão condicional

Uma estrutura de decisão condicional é um recurso poderoso de programação que permite que o *software* avalie uma expressão e, caso ela seja verdadeira, execute um bloco de código. Ao contrário da estrutura de repetição, na qual o programa voltava ao início da declaração no final da execução do bloco de código, esse tipo de estrutura é avaliado apenas uma vez e, depois disso, o programa segue a sequência de instruções.

3.4.1 If/then

A estrutura *if/then* ("se/então", em português) avalia uma expressão e, se ela for verdadeira, o bloco de código será executado. A sintaxe desse tipo de estrutura é a seguinte:

```
if expressão then
bloco de código
end
```

Observe o código a seguir:

```
if sin(%pi/2 == 1) then
var = %pi;
end
```

A primeira linha da estrutura analisa a expressão – no caso, se o seno de $\frac{\pi}{2}$ é igual a 1. Como a expressão é verdadeira, então o bloco de código que está entre a linha de declaração e a linha que contém a diretiva "end" será executado. Nessa situação, ocorre a atribuição do valor π a uma variável chamada "var". Observamos que esse bloco de código é executado apenas uma vez. Caso a expressão resultasse em um valor lógico falso, o bloco de código não seria executado, como no trecho a seguir:

```
if cos(%pi/2 == 1) then
var = %pi;
end
```

Esse bloco de código é muito parecido com o do exemplo anterior, no entanto observamos que a expressão analisada é que, se o cos de $\frac{\pi}{2}$ for igual a 1, então o bloco de código logo após a expressão será executado. Como a expressão é falsa, isso não ocorre. Portanto, a variável "var" não receberá o valor igual a π. Dessa maneira, o programa segue automaticamente para a diretiva "end" e, caso haja instruções abaixo dessa diretiva, elas serão executadas.

3.4.2 if/then/else

Essa estrutura de decisão é muito semelhante à apresentada anteriormente, no entanto, ela adiciona um comando *else* ("senão", em português) na estrutura de programação, o que permite que um bloco de código seja executado caso a expressão avaliada seja falsa. Observe o código a seguir:

```
if cos(%pi/2 == 1) then
var = %pi;
else
var = 0;
end
```

Nesse tipo de estrutura, a expressão da primeira linha é analisada. Como sabemos, ela é falsa, pois $\cos\left(\dfrac{\pi}{2}\right) \neq 1$. Assim, o primeiro bloco de código localizado entre a linha de declaração da expressão e a linha que contém o comando "else" não é executado. O programa, portanto, pula esse bloco de código e avança para a linha que contém a linha "else". Nesse ponto, o *software* entende que a condição de avaliação é falsa e deve executar o novo bloco de código que se encontra entre a linha "else" e a diretiva "end". Reiteramos que a palavra reservada *else* significa "senão" e, portanto, serve como um contraponto para a execução do código. A estrutura de condição funciona como uma bifurcação no programa e executa ou um ou outro bloco de código, dependendo do resultado lógico da expressão analisada.

3.4.3 *If/then/elseif/else*

Essa nova estrutura é um caso especial das já apresentadas anteriormente. Ela permite a execução de mais de dois blocos de programa distintos avaliando múltiplas expressões. Com ela, podemos implementar mais de duas alternativas, aumentando as possibilidades da estrutura anterior.

```
if a == b then
var = 0;
elseif a < b then
var = 3;
else
var = 1;
end
```

Na primeira linha, existe a avaliação da expressão, se a variável *a* é igual à variável *b*. Caso isso seja verdade, o bloco de código imediatamente na sequência será executado. Assim, a variável "var" receberá o valor igual a 0 e o programa seguirá diretamente para o final da diretiva "end". As outras opções de condição não são avaliadas caso a expressão seja verdadeira. Agora, vamos supor que as variáveis *a* e *b* sejam diferentes e que *a* seja menor que *b*. Nesse caso, a primeira avaliação gerará um resultado lógico falso e, dessa forma, o primeiro bloco de código não será executado pelo sistema. Em seguida, será avaliada a expressão presente na linha da diretiva "elseif". Ela será executada caso as condições das expressões não sejam verdadeiras. Ela permite também que uma nova expressão seja avaliada, no caso, se a < b. Como estamos supondo que isso é verdade, então "var" receberá o valor igual a 3. Ainda nesse exemplo, após a execução do bloco de código, o programa pulará todas as próximas análises e seguirá diretamente para a diretiva "end", finalizando a estrutura. Por fim, vamos supor um outro caso para analisar essa estrutura. Agora, a > b. Dessa forma, nenhuma das duas avaliações das expressões resultará em um valor lógico positivo e nenhum dos respectivos blocos de código será executado. Na última análise, no entanto, não existirá uma expressão de avaliação como nos casos anteriores, mas o programa avaliará que, se todas as opções condicionais não foram atendidas, deve executar o último bloco de código. Nesse situação, portanto, ao utilizarmos o *else*, dizemos que todas as opções não foram atendidas, e então deveremos executar, como última alternativa, o último bloco de código disponível.

Observe outro exemplo que emprega os conceitos apresentados anteriormente:

```
function negativopositivo(x)
if x==0
disp('O numero e 0')
elseif x<0
disp(' O numero e negativo')
else
disp(' O numero e positivo')
end
endfunction
```

Agora, o usuário pode digitar no console os comandos mostrados a seguir para obter os resultados esperados. Observe que a função criada pelo usuário emprega uma função nativa do SciLab™ denominada "disp()", cuja atribuição é imprimir na tela de console um conjunto de caracteres (*string*) que o programador definiu em seu programa.

```
--> negativopositivo(9)
" O numero e positivo"
--> negativopositivo(3)
" O numero e positivo"
--> negativopositivo(0)
"O numero e 0"
--> negativopositivo(-6)
"O numero e negativo"
```

> ## O QUE É
>
> ***Machine learning***: técnica avançada da ciência da computação e da estatística que permite que programas de computador possam aprender padrões. O incremento do conhecimento é efetivado por meio da análise das respostas obtidas após a resolução de um problema. Esse aprendizado, em geral, é aprimorado a cada ciclo da análise de problema efetuado, permitindo que o próprio programa melhore os resultados das análises futuras. As técnicas estatísticas utilizadas se baseiam em teorias matemáticas.

Exercício resolvido

1) As séries de Maclaurin e de Taylor fornecem um conjunto de funções baseadas em somas infinitas com o objetivo de realizar uma aproximação de outra função matemática. Por exemplo, a função sen (x) pode ser representada pela série de Maclaurin a seguir:

$$\text{sen}(x) \approx \sum_{n=0}^{\infty} \frac{x^n}{n!} = 1 + \frac{x}{1!} + \frac{x^2}{2!} + \frac{x^3}{3!} + \dots$$

Crie uma função para gerar a série de Maclaurin correspondente a sen(x) que permita ao usuário inserir a quantidade de parcelas da série.

```
function [resultado]=serieMaclaurinExp(x, parcelas)
resultado = 0;
for i=1:parcelas
if i == 1
resultado = 1;
else
resultado = resultado + x^(i-1)/factorial(i-1);
end
end
endfunction
```

Nesse exemplo, utilizamos os conceitos de funções, do laço *for* e da estrutura de controle *if*. O nome da função foi definido como "serieMacLaurinExp". O arquivo que a contém deve ser salvo com o mesmo nome da função. Como entradas das funções, colocamos a variável *x* e a variável "parcelas". Assim, o usuário que utilizá-la pode definir a quantidade de parcelas e o valor de *x* para chegar ao resultado aproximado pela série.

Como saída, a função gera a variável "resultado", a qual é inicializada com o valor 0. Em seguida, na programação, entramos em um laço *for*, que é executado por uma quantidade específica de vezes, definida pelo usuário por meio da variável "parcelas". Assim, a função trava a soma das séries em uma quantidade finita de vezes.

Dentro do laço *for*, é realizada uma estrutura de controle por meio do *if/else*. Se for a primeira iteração do laço, o programa atribuirá ao resultado o valor igual a 1. Nos demais casos, a variável será atualizada por meio do somatório de seu valor anterior com o valor da expressão "x^(i–1)/factorial(i–1)". Observe que a variável *i* serve para percorrer a quantidade de parcelas que nossa série de Maclaurin apresenta. Quanto mais parcelas houver, mais próximo estaremos do valor correto para a função exponencial. No exemplo a seguir, quanto mais parcelas forem colocadas como argumento na função recém-criada, mais próximo do valor correto a função irá chegar:

```
--> exp(6)
 ans =
 403.42879
--> serieMaclaurinExp(6,5)
 ans =
 115.
--> serieMaclaurinExp(6,10)
 ans =
 369.57143
--> serieMaclaurinExp(6,15)
 ans =
 402.86385
--> serieMaclaurinExp(6,20)
 ans =
 403.42670
```

3.4.4 *Select*

O recurso de seleção *select* é outra estrutura de decisão condicional. Com ela, é possível apresentar múltiplas opções de escolhas, nas quais, para cada uma, um bloco de código poderá ser executado.

Você pode estar se perguntando qual é a diferença entre a estrutura de seleção *select* e a estrutura *if/elseif*. Embora esta possa realizar a mesma operação que aquela, na *select* cada uma das expressões é avaliada pelo programa para então seguir para a próxima expressão, e assim por diante, até encontrar a expressão que resulta em um caso lógico positivo.

Esse tipo de situação é mais custosa computacionalmente, mas, no caso da estrutura *select*, o programa executa diretamente a opção apropriada, economizando tempo para cada uma das avaliações. Esse tipo de controle é interno. O ganho de desempenho no SciLab™ é discreto, pois ele tem uma linguagem interpretativa. Em outras linguagens de programação, a vantagem do uso do conceito da estrutura do tipo *select* é considerável.

A estrutura de construção do recurso *select* tem o formato a seguir:

```
select expressao1
case expressao2 then
instrucoes a
case expressao3 then
instrucoes b
case expressaom then
instrucoes n
else
instruções finais
end
```

Em que a primeira expressão é o termo que vai ser avaliado. Essa estrutura começa com a palavra *select* e depois é inserida a expressão a ser analisada. Em seguida, o bloco de código é acompanhado de estruturas que começam com a palavra reservada *case* e terminam com a palavra *then*. Se a expressão inicial do *select* for igual a uma dessas opções, a instrução correspondente ao caso será executada. Por fim, se a expressão de avaliação inicial não for igual a nenhuma expressão das avaliações do tipo *case*, o bloco de código terminará com um comando *else*, pelo qual são realizadas as instruções finais para as exceções.

Observe a seguir o exemplo de uma função que pode ser escrita no Scinotes:

```
function resultado=selecionaOperacao(x, y)
select y
case 0 then
resultado = sin(x)./x;
case -1 then
resultado = cos(x)./x;
case 1 then
resultado = tan(x)./x;
else
resultado = 0;
end
endfunction
```

Depois de salvarmos a função com o nome de arquivo "selecionaOperacao.sci" e realizarmos seu carregamento na memória do SciLab™ com o comando "exec(selecionaOperacao.sci)", podemos executar a função por meio dos seguintes exemplos:

```
--> selecionaOperacao(2,-1)
 ans =
-0.2080734
--> selecionaOperacao(2,1)
 ans =
-1.0925199
--> selecionaOperacao(2,0)
 ans =
0.4546487
--> selecionaOperacao(%pi/2,5)
 ans =
0.
```

Síntese

Neste capítulo, vimos dois temas que são muito importantes para o usuário do SciLab™. O primeiro é a estatística, pois apresentamos diversas funções que executam conceitos estatísticos a fim de realizar análises e tendências.

O segundo tema é a apresentação de conceitos de programação, os quais permitem que o SciLab™ seja um *software* muito versátil, com o qual o usuário pode criar funções, programas, *scripts*, rotinas e sequências.

Questões para revisão

1) A tabela a seguir representa o levantamento salarial de uma empresa em reais (R$).

5263,63	4836,33	1236,95	3256,31	125326,6	6725,96	7835,00
3266,52	5263,63	3201,22	2533,96	1250,42	1325,64	10342,20
3226,22	7526,33	3526,68	3694,25	5632,47	5263,63	1530,44
2563,25	6953,14	5636,55	4500,00	2569,33	4201,12	2400,00

Com base nesses dados e utilizando o SciLab™, faça o que se pede:

a. Calcule a média, a mediana, o desvio padrão e a variância.

b. Encontre a moda.

c. Elabore o histograma dos valores.

d. Considerando a tabela a seguir, que mostra o tempo de empresa de cada funcionário, calcule a média ponderada, utilizando como peso os anos trabalhados na empresa. Cada célula desta tabela está associada ao salário da célula da tabela anterior.

9	6	1	5	25	9	15
3	7	4	3	1	1	20
5	10	3	6	10	9	5
5	12	8	8	7	7	5

2) Crie uma matriz com 5 linhas e 100 colunas com números aleatórios. Use a distribuição normal com média 0 para todos os valores e variância igual ao número de cada uma das linhas da matriz. Depois, imprima o histograma com 15 classes para cada uma das linhas

3) Crie um vetor de números aleatórios com distribuição qui-quadrado com k = 5 (cinco graus de liberdade).

4) Imprima o gráfico de uma distribuição binomial com número de tentativas n = 6 e probabilidade de sucesso p = 0,8.

5) Desenvolva uma única função baseada em somas infinitas para as expressões a seguir. Você deve utilizar um argumento para selecionar qual delas será executada.

$$\frac{1}{1-x} = \sum_{n=0}^{\infty} x^n = 1 + x + x^2 + x^3 + \ldots$$

$$e^x = \sum_{n=0}^{\infty} \frac{x^n}{n!} = 1 + \frac{x}{1!} + \frac{x^2}{2!} + \frac{x^3}{3!} + \ldots$$

$$tg^{-1} = \sum_{n=0}^{\infty} (-1)^n \frac{x^{2n+1}}{2n+1} = x - \frac{x^3}{3!} + \frac{x^5}{5!} + \frac{x^7}{7!} + \ldots$$

Questões para reflexão

1) Explore a criação de funções com número variável de argumentos de entrada. Utilize os comandos "varargin()" e "varargout()".

2) Como é possível construir uma função que transfira os dados de uma matriz qualquer recebida como argumento para um arquivo qualquer que possa ser aberto por outro programa no computador?

3) Crie uma função que receba como argumento um número inteiro qualquer e utilize critérios de divisibilidade para descobrir se um valor é divisível por 2, 3, 4, 5, 9 e 10.

Conteúdos do capítulo:
- Desenvolvimento de gráficos avançados.
- Ajuste de curvas.
- Cálculo de limites e integrais.
- Problemas complexos da matemática computacional.

Após o estudo deste capítulo, você será capaz de:
1. desenvolver gráficos avançados;
2. compreender conceitos básicos de ajuste de curvas;
3. realizar o cálculo de limites e integrais;
4. utilizar o SciLab™ para resolver problemas complexos da matemática computacional.

4
Outros comandos do SciLab™

O cálculo numérico computacional proporciona alguns recursos muito importantes para o uso da matemática avançada em diversas áreas da ciência. Esse ramo da matemática apresenta algoritmos iterativos que tornam possíveis a resolução de problemas avançados que não são resolvidos de forma trivial. Com o aumento do poder computacional e sua fácil acessibilidade, hoje podemos resolver questões matemáticas complexas envolvendo limites, derivadas e integrais de forma precisa e rápida com o auxílio do SciLab™ e de outros *softwares*.

Dentro do cálculo, podemos dividir as integrais em duas grandes categorias: (1) integrais indefinidas e (2) integrais definidas. No caso das integrais indefinidas, o resultado final é uma expressão algébrica (em algumas literaturas, *integral simbólica*). Esse tipo de integral é utilizado quando é necessário chegar a uma expressão geral para determinado problema. A resolução dessa integral, por vezes, torna-se um trabalho algébrico árduo e extenso. Também existem *softwares* especializados na resolução de integrais indefinidas que realizam a chamada *computação simbólica*, como o Mathematica®. Infelizmente, o SciLab™ não permite a resolução de integrais indefinidas com matemática simbólica.

Outra categoria na qual podemos trabalhar com integrais é a de integral definida ou *integração numérica*. Nesse tipo de problema, são definidos dois limites de avaliação para a função a ser integrada. Com o escopo de análise reduzido, é possível usar algoritmos iterativos para fragmentar a função a ser avaliada, realizar a integração de cada uma de suas partes e o somatório de todas elas para encontrar a integral final. A seguir, comentaremos alguns dos principais algoritmos de cálculo numérico para resolver integrais. Também iremos explorar mais funcionalidades do SciLab™ para a geração de gráficos.

4.1 Limites

Para entender o conceito de limites no SciLab™, vamos considerar a expressão matemática a seguir.

$$f(x) = -\frac{\operatorname{sen}(x^2)}{2x^2}$$

Sabemos que ela não é definida para o ponto x = 0. No SciLab™, podemos testar essa função utilizando os seguintes comandos na tela de console:

```
--> x=0;
--> f_x = -sin(x^2)/(2*x^2)
f_x =
Nan
```

Observamos que o resultado da função matemática retorna o valor "Nan". Essa palavra reservada do SciLab™ é uma sigla em inglês para a expressão *not a number*, ou, em português "não é um número", o que indica uma indefinição matemática.

Graças à velocidade de implementação e ao cálculo avançado, podemos utilizar um simples *script* no SciLab™ para percorrer os valores próximos do ponto da indefinição matemática. Nesse caso, vamos utilizar um *script* igual ou similar ao fragmento a seguir:

```
x_pos=0;
x_neg=0;
for i = 1:10
x_pos = x_pos+0.1
x_neg = x_neg-0.1
f_x_pos = -sin(x_pos^2)/(2*x_pos^2)
f_x_neg = -sin(x_neg^2)/(2*x_neg^2)
printf('\nx+ =%g f(x)=%f',x_pos,f_x_pos)
printf('\nx- =%g f(x)=%f',x_neg,f_x_neg)
end
```

A saída do *script* será:

```
x+ =0.1  f(x)=-0.499992
x- =-0.1 f(x)=-0.499992
x+ =0.2  f(x)=-0.499867
x- =-0.2 f(x)=-0.499867
x+ =0.3  f(x)=-0.499325
x- =-0.3 f(x)=-0.499325
x+ =0.4  f(x)=-0.497869
x- =-0.4 f(x)=-0.497869
x+ =0.5  f(x)=-0.494808
x- =-0.5 f(x)=-0.494808
x+ =0.6  f(x)=-0.489270
x- =-0.6 f(x)=-0.489270
x+ =0.7  f(x)=-0.480230
x- =-0.7 f(x)=-0.480230
x+ =0.8  f(x)=-0.466559
x- =-0.8 f(x)=-0.466559
x+ =0.9  f(x)=-0.447091
x- =-0.9 f(x)=-0.447091
x+ =1    f(x)=-0.420735
x- =-1   f(x)=-0.420735
```

Podemos perceber que, em ambos os sentidos, quando x tender a 0 tanto pela esquerda quanto pela direita, o valor do limite será igual a $-1/2$. Portanto, temos:

$$\lim_{n \to 0} -\frac{\text{sen}(x^2)}{2x^2} = -\frac{1}{2}$$

4.2 Integração

O SciLab™ realiza operações de integração numérica como forma de resolução de integrais definidas. A integração numérica é uma área da análise numérica na qual são estudados algoritmos que geram valores aproximados para uma integral definida. Os algoritmos propostos têm o objetivo de dividir a função avaliada pela integral em segmentos menores, aproximar as curvas desses segmentos para funções triviais e calcular as áreas aproximadas abaixo das curvas de cada novo segmento. Dessa forma, a área total da integral é dividida em áreas menores e aproximadas, todas as quais, por fim, serão somadas para se chegar ao valor aproximado total da integral. Esse esquema é muito vantajoso para obter o resultado de integrais complexas e de difícil resolução analítica.

Na tabela a seguir, listamos alguns algoritmos de integração numérica mais utilizados.

Tabela 4.1 – Aproximações da integral definida

Regra do ponto médio	$\int_a^b f(x)dx \approx hf\left(\dfrac{a+b}{2}\right)$ $h = b - a$
Regra do trapézio	$\int_a^b f(x)dx \approx h\left(\dfrac{1}{2}f(a) + \dfrac{1}{2}f(b)\right)$ $h = b - a$
Regra de Simpson	$\int_a^b f(x)dx \approx h\left(\dfrac{1}{3}f(a) + \dfrac{4}{3}f\left(\dfrac{a+b}{2}\right) + \dfrac{1}{3}f(b)\right)$ $h = \dfrac{b-a}{2}$

Como podemos observar em todos os casos, são impostas restrições de aproximações que tornam o cálculo das integrais realizável, mas que trazem consigo uma parcela de erro. Sugerimos que você verifique as regras associadas à integração numérica em Thomas et al (2002)[1].

O SciLab™ permite muitas facilidades, inclusive a resolução de integrais definidas de forma numérica. Todos os exemplos que utilizaremos a seguir serão baseados em integrais numéricas.

Uma integral definida pode ser solucionada pelo SciLab™ utilizando-se a função "intg()". O primeiro argumento que deve ser passado para a função é o limite inferior da integral, e o segundo é seu limite superior. Por fim, o último argumento é a função a ser avaliada.

Vamos supor que o usuário necessite realizar a integral da função a seguir:

$$y = \int_0^\pi \sqrt{\{\operatorname{sen}(x^3 - 2)\}}\, dx$$

Para isso, o usuário pode criar sua função dentro do ambiente do SciLab™:

```
function resultado=funcaoUsuario(x)
resultado = sqrt(sin(x.^3-2))
endfunction
```

Depois de ser criada a função, ela deve ser executada para ser carregada na memória do SciLab™. Por fim, pode-se executar a função "intg()" com a função do usuário.

---

[1] THOMAS, G. B. et al. **Cálculo**. São Paulo: Pearson, 2002. v. 1.

```
--> intg(0,%pi,funcaoUsuario)
 ans =
 0.8369922
```

Podemos ainda utilizar a função "intg()" para resolver integrais de funções nativas do SciLab™, por exemplo:

```
--> intg(0,%pi/2,cos)
 ans =
 1.0000000
--> intg(0.6,%pi/2,sin)
 ans =
 0.8253356
--> intg(0.2,3,exp)
 ans =
 18.864134
--> intg(0.1,10,log10)
 ans =
 5.8004846
```

Uma integral definida também pode ser resolvida com comando "integrate()", que realiza o processo de integração por quadratura, a função "inttrap()", que realiza a integral por iteração trapezoidal, e a função "intspline()", que realiza a integração por interpolação *spline*.

Por utilizarem esquemas diferentes de integração numérica, os resultados das operações podem gerar valores ligeiramente diferentes entre as funções de integrais. Vejamos o fragmento de código que realiza a integral $\int_{1}^{2} \operatorname{sen} x \, dx$:

```
--> t=1:.1:2
 t =
 1. 1.1 1.2 1.3 1.4 1.5 1.6 1.7 1.8 1.9 2.
--> inttrap(t,sin(t))
 ans =
 0.9556520
--> intg(1,2,sin)
 ans =
 0.9564491
```

Como podemos observar, as integrais numéricas fornecem resultados diferentes. Uma das soluções possíveis para esse exemplo seria reduzir o intervalo de pontos para a primeira integral.

> **PARA SABER MAIS**
>
> EATON, J. W. **Gnu Octave**, 2023. Disponível em: <https://www.gnu.org/software/octave/index>. Acesso em: 17 ago. 2023.
>
> O Gnu Octave é outro *software* livre de matemática computacional. É muito similar ao SciLab™, pois dispões de muitas funções idênticas. A forma de trabalhar com o Gnu Octave é muito parecida quando analisamos como resolver variáveis no modo console. Dessa maneira, o usuário do SciLab™ não terá problemas em se adaptar ao Gnu Octave e vice-versa.

4.3 Ajuste de curvas

O ajuste de curvas é um método de geração de uma função específica com base em pontos distribuídos em qualquer coordenada. Ao tomarmos um gráfico com uma série de pontos distribuídos nesse espaço, podemos chegar a uma função aproximada que apresente alta fidedignidade com os dados apresentados.

A regressão linear é um método para encontrar a relação entre diversos pontos em um gráfico, por meio da qual é possível obterem-se coeficientes de uma função aproximada de primeiro grau que se avizinha dos pontos coletados. A equação encontrada tem o formato y = ax + b. Dada uma série de dados (*x* e *y*), é possível encontrar a função de regressão linear de acordo com as equações a seguir:

$$b = \frac{(\Sigma y)(\Sigma x^2) - (\Sigma x)(\Sigma xy)}{n(\Sigma x^2) - (\Sigma x)^2}$$

$$a = \frac{n(\Sigma xy) - (\Sigma x)(\Sigma y)}{n(\Sigma x^2) - (\Sigma x)^2}$$

Exemplificando

Suponhamos que um cientista que estuda as marés tenha coletado alguns dados de determinado período do dia. O tempo foi colocado na coluna *x*, e o nível da maré foi colocado na coluna *y*. Em seguida, ele dispôs os dados em uma tabela.

Tabela 4.2 – Dados coletados pelo cientista

Amostra	Tempo em minutos (x)	Nível em centímetros (y)	xy	x^2	y^2
1	91	102	9282	8281	10404
2	15	60	900	225	3600
3	40	105	4200	1600	11025
4	30	85	2550	900	7225
5	35	83	2905	1225	6889
6	17	63	1071	289	3969
7	63	93	5859	3969	8649
8	35	75	2625	1225	5625
Σ	**326**	**666**	**29392**	**17714**	**57386**

Agora, ele poderá colocar os dados no SciLab™. Para tanto, ele deve utilizar o Scinotes para gerar um *script* e realizar esse cálculo:

```
x = [91.0 15.0 40.0 30.0 35.0 17.0 63.0 35.0];
y = [102.0 60.0 105.0 85.0 83.0 63.0 93.0 75.0];
plot(x,y,'ro');
n=8;
xy = x.*y;
x2 = x.^2;
y2 = y.^2;
SomaX = sum(x);
SomaY = sum(y);
SomaXY = sum(xy);
SomaX2 = sum(x2);
SomaY2 = sum(y2);
a = (n*SomaXY-SomaX*SomaY)/(n*SomaX2-SomaX^2);
b = (SomaY*SomaX2-SomaX*SomaXY)/(n*SomaX2-SomaX^2);
xlinha = linspace(0,120,1000);
f_x = a.*xlinha+b;
plot(xlinha,f_x,':');
```

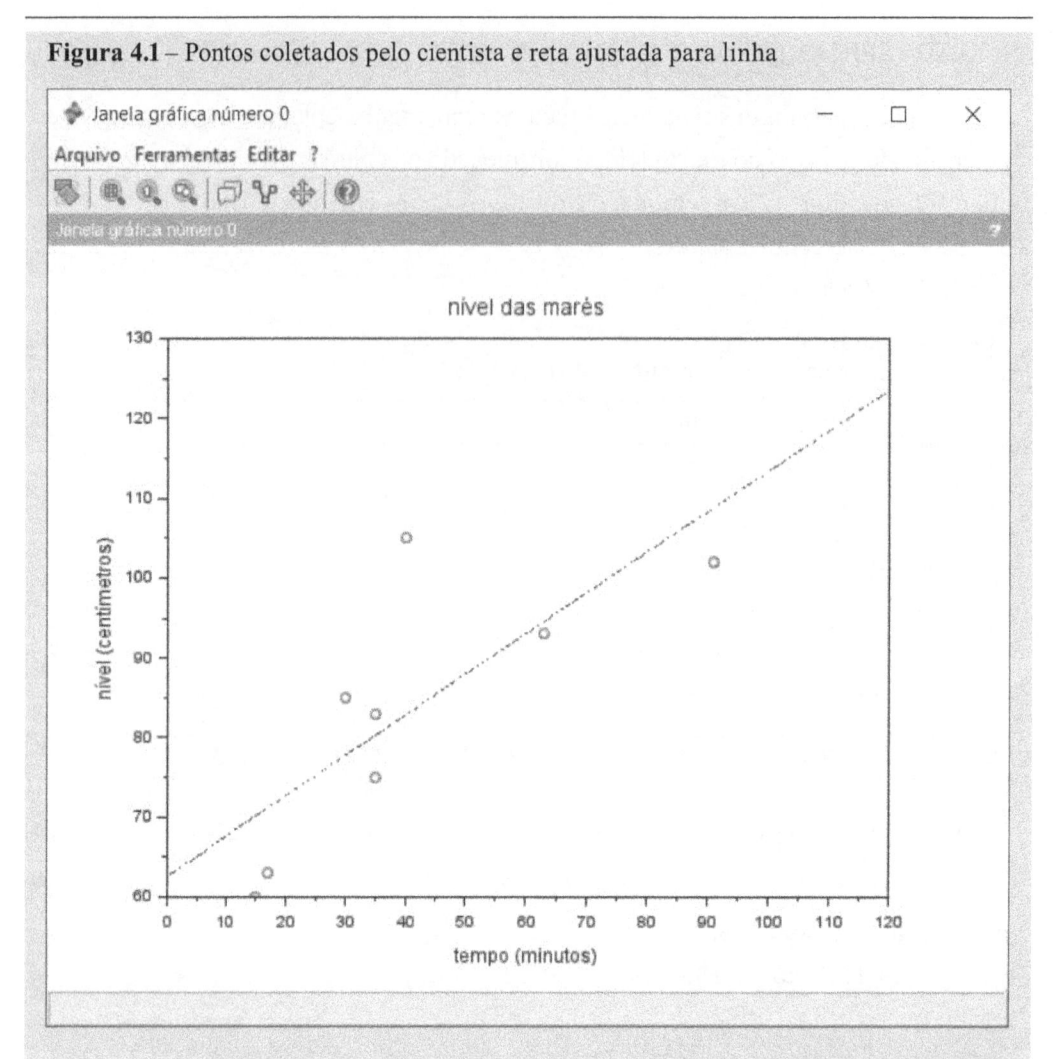

Figura 4.1 – Pontos coletados pelo cientista e reta ajustada para linha

Agora, é possível generalizar e, a partir do *script* realizado pelo cientista, criar uma função "ajusteCurva()" que realizará esse procedimento de forma automatizada.

```
function [a, b]=ajustaCurva(x, y)
n= length(x)
maximo = max(x)+ceil(max(x)*0.1);
plot(x,y,'ro');
xy = x.*y;
x2 = x.^2;
y2 = y.^2;
SomaX = sum(x);
SomaY = sum(y);
```

```
SomaXY = sum(xy);
SomaX2 = sum(x2);
SomaY2 = sum(y2);
a = (n*SomaXY-SomaX*SomaY)/(n*SomaX2-SomaX^2);
b = (SomaY*SomaX2-SomaX*SomaXY)/(n*SomaX2-SomaX^2);
xlinha = linspace(0,maximo,1000);
f_x = a.*xlinha+b;
plot(xlinha,f_x,':');
endfunction
```

Para testar essa função, deve-se utilizar um conjunto de 20 pontos aleatórios. A função "ajustaCurva()" funciona para dois vetores *x* e *y* com qualquer quantidade de pontos. Internamente, ela analisa quantos pontos foram incluídos nos vetores e realiza o cálculo de regressão apropriado.

```
--> y = [7.0     36.0    35.0    14.0    89.0    54.0    83.0    47.0    57.0
64.0    72.0    85.0    43.0    26.0    99.0    97.0    9.0     52.0    71.0
59.0];
-->x = linspace(1,100,20);
-->[a, b]=ajustaCurva(x, y)
 a =
0.2797980
 b =
40.820202
```

Para saber mais

GEOGEBRA. [2023]. Disponível em: <https://www.geogebra.org/?lang=pt>. Acesso em: 17 ago. 2023.

O *software* GeoGebra é focado em matemática computacional com ênfase no trabalho com geometria e álgebra. Ele foi desenvolvido por Markus Hohenwarter em 2001 e pode ser encontrado de forma gratuita em seu *site*. Ele oferece muitos recursos para desenho gráfico de formas geométricas e análise algébrica. O usuário pode trabalhar com formas em três dimensões.

> ## O QUE É
>
> **Eletromagnetismo**: é uma das áreas de estudo da física e da engenharia elétrica cujo objeto de estudo são os campos elétricos e magnéticos e os fenômenos relacionados à interação deles. Sua teoria utiliza os conceitos de integrais e derivadas e foi condensada por James Clerk Maxwell. A relação de força dos campos pode ser modelada matematicamente por meio de vetores (que têm magnitude, sentido e direção) que compõem as linhas de fluxo dos dois tipos de campos.

4.4 Análise gráfica avançada

Nesta seção, vamos abordar mais alguns recursos do SciLab™ para realizar análises gráficas. Para isso, usaremos outras funcionalidades da função "plot()", bem como outras funções que aprofundam os conceitos da matemática em sua forma gráfica.

Algumas funcionalidades da função "plot()" já foram apresentadas anteriormente. Também algumas outras funções que funcionam em paralelo com os recursos gráficos do SciLab™ já foram demonstradas em outros exemplos. Agora, vamos nos aprofundar no entendimento dessas funcionalidades.

Antes, devemos relembrar alguns conceitos básicos. Para imprimir na tela um gráfico bidimensional, é necessário utilizar a função "plot()". Um simples ponto P pode ser apresentado graficamente, se ele estiver localizado nas coordenadas (x = 2 e y = 3), ou P(2,3). Para isso, podemos utilizar a função a seguir:

```
--> plot(2,3,'s')
```

Nesse exemplo, o terceiro argumento ("s") formata o ponto para apresentar a configuração de um quadrado. Para imprimir na tela um segmento de linha PQ, em que Q(4,6), é possível utilizar o comando "plot()" da maneira mostrada a seguir:

```
--> plot([2,3],[4,6])
```

O SciLab™ permite a impressão de múltiplas imagens em apenas um gráfico. Para apresentar essa funcionalidade, vamos considerar duas funções que serão definidas mais adiante. Primeiramente, podemos digitar as linhas de código a seguir, e, após isso, o gráfico da Figura 4.2 será apresentado.

```
x=linspace(0,10,100);
function y=f(x)
y=(x^3-2*x^2/2)*sin(x)
endfunction
plot(x,f,'k')
```

Outro fato interessante que o SciLab™ permite é a criação de uma função no ambiente do próprio *script* ou no ambiente de console. Ao digitarmos a palavra reservada *function*, o SciLab™ entende que uma função será digitada e aguarda até a definição completa do comando com a palavra *endfunction*. Em seguida, quando a função denominada *f(x)* for colocada como argumento dentro da função "plot()", ela será avaliada ponto a ponto. Percebemos, portanto, a versatilidade do SciLab™.

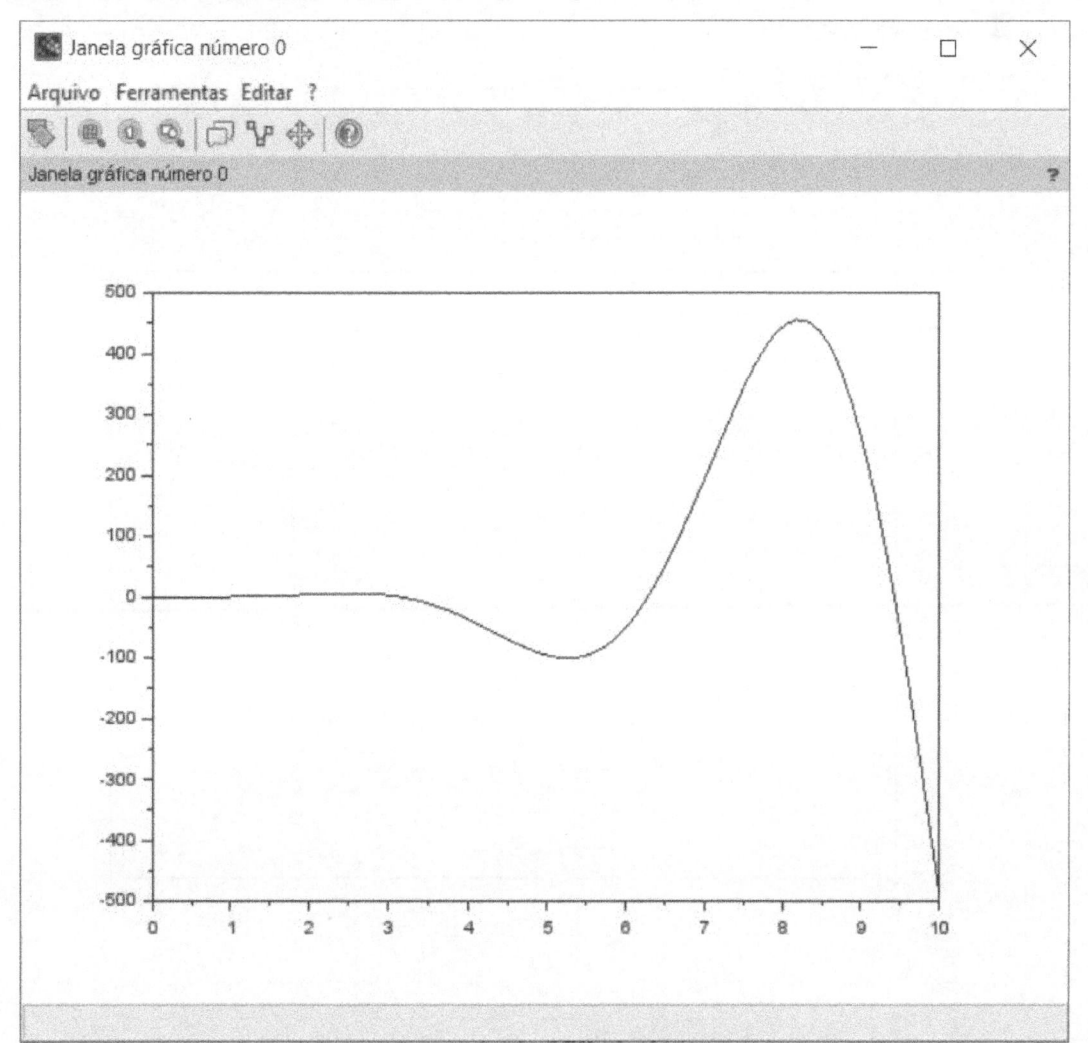

Figura 4.2 – Gráfico mostrando uma função na cor preta

Agora, vamos digitar a outra função "g(x)". Observe que não precisamos escrever novamente a linha na qual são definidos os valores de *x*, ou seja, não precisamos declarar os valores de *x*, pois o vetor já está guardado na memória do programa. O comando "clf" apenas limpa o gráfico, mantendo os valores calculados. O resultado é o mostrado na Figura 4.3.

```
Clf
function y=g(x)
y=cos(1/(%pi-x^2))
endfunction
plot(x,f,'c',x,g,'y')
```

Figura 4.3 – Gráfico mostrando duas funções distintas

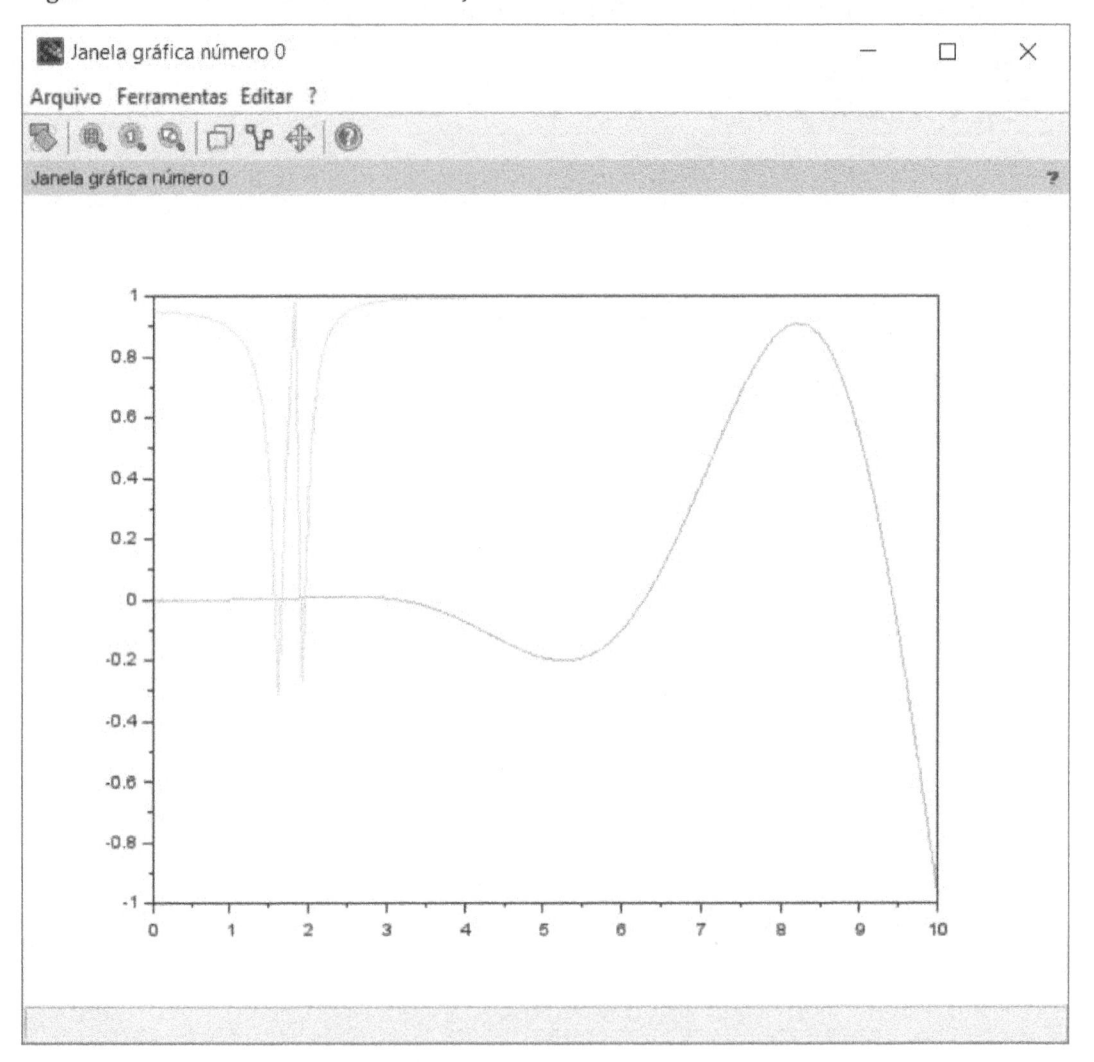

A função "plot()" é uma das mais versáteis do SciLab™ e permite que o usuário lhe passe múltiplos argumentos, sendo necessário no mínimo um argumento.

Para limpar uma curva no gráfico, podemos utilizar o comando "clf". Nesse caso, observe que, após utilizarmos o comando "clf()", a janela do gráfico ainda continuará aberta. O nome dessa janela é *Graphic window number 0*.

Também é possível criarmos janelas gráficas vazias digitando o comando "scf()", e o argumento de entrada é o índice da janela gráfica a ser aberta. Por padrão, a primeira janela é a número 0. Para limpar uma janela gráfica, podemos inserir o comando "clf()".

Para alterarmos a cor da linha ou do ponto na curva, é necessário utilizar um argumento específico na função "plot()". A linha apresentada no gráfico será alterada conforme o código escolhido. O quadro a seguir apresenta o código e a cor correspondente.

Quadro 4.1 – Códigos de cores que podem ser utilizadas como argumento no SciLab™

Código	Cor correspondente
'r'	Cor vermelha
'g'	Cor verde
'b'	Cor azul
'c'	Cor ciano
'm'	Cor magenta
'y'	Cor amarela
'k'	Cor preta
'w'	Cor branca

O SciLab™ permite que diferentes gráficos sejam apresentados em conjunto, colocados lado a lado em uma disposição de matriz. Esse tipo de formato de apresentação possibilita que múltiplas informações sejam apresentadas ao leitor, evitando-se um gráfico muito poluído. Observe o código a seguir:

```
t=0:0.1:2*%pi;
y1=cos(t);
y2=sin(2*t/3);
y3=cos(4*t);
y4=sin(8*t/6);
subplot(221);
plot(t,y1,'r')
subplot(222)
plot(t,y2,'g')
subplot(223)
plot(t,y3)
subplot(224)
plot(t,y4,'m')
```

Antes de executar o comando "plot()", devemos inserir a função "subplot()", a qual divide a imagem em quadros menores, apresentando diversos gráficos dentro simultaneamente. Essa função recebe como argumento um número no qual o primeiro algarismo representa a quantidade de gráficos na vertical, e o segundo, a quantidade de gráficos na horizontal. O último algarismo denota a posição (da esquerda para a direita e de cima para baixo) do gráfico que será apresentado.

Figura 4.4 – Múltiplas figuras em apenas uma janela

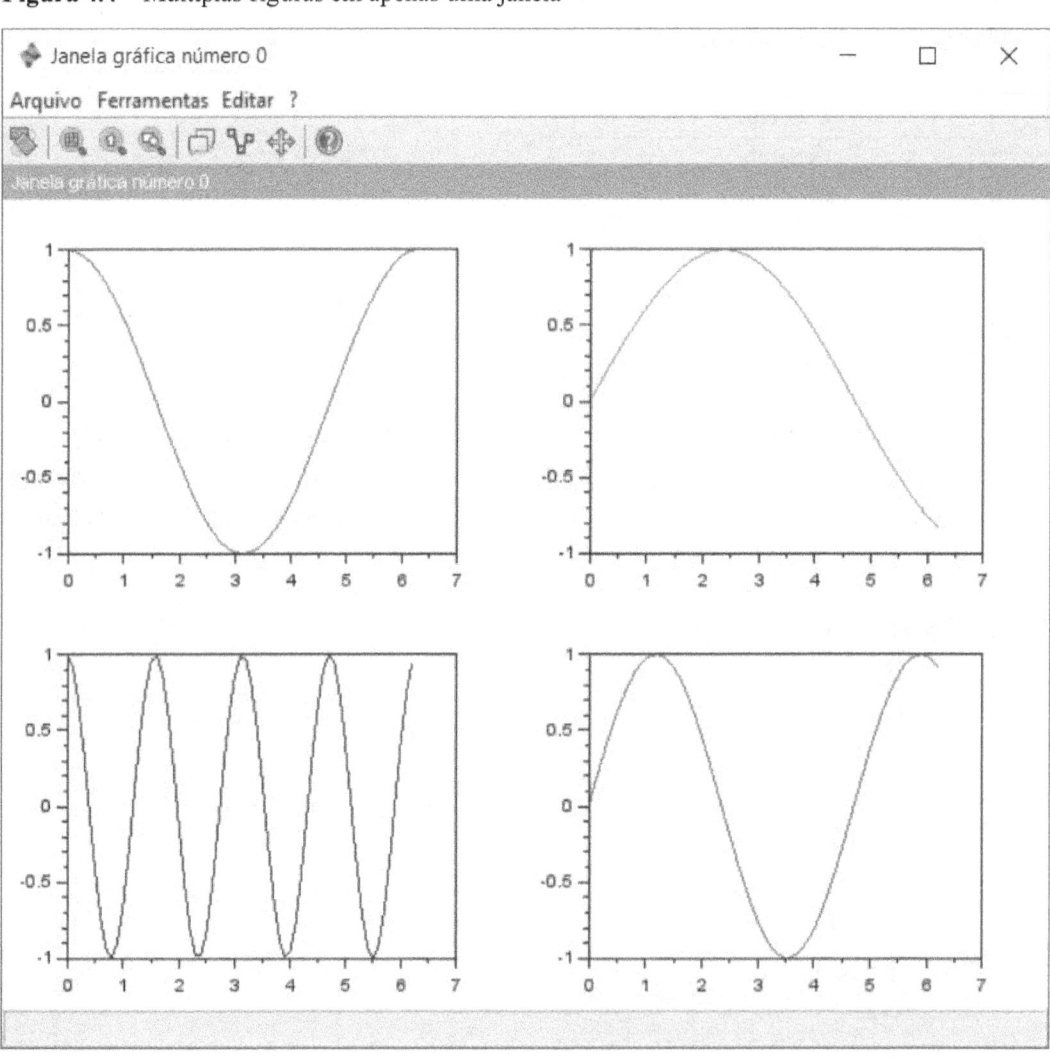

Agora, observe o código a seguir:

```
x = linspace(0,2*%pi,100)
y = sin(2*x);
y2 = 2.*cos(2*x)
plot(x,y,'--','LineWidth',2)
plot(x,y2,'r:','LineWidth',2)
title('Analisando funcoes')
xlabel('x')
ylabel('y')
legend(['sin(2*x)';'2*cos(2*x)'])
set(gca(),"grid",[1 1])
```

Figura 4.5 – Figura gerada pela função "plot()"

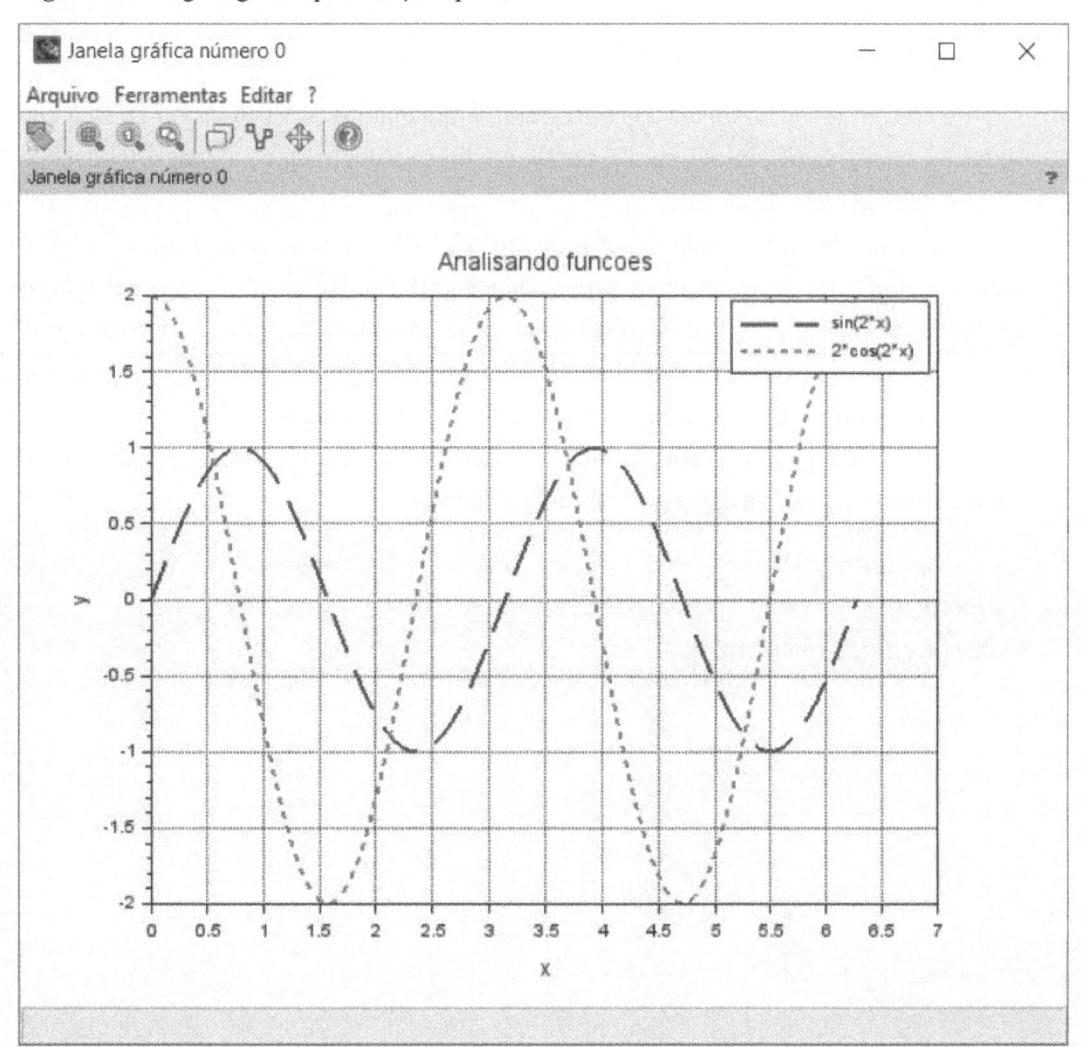

Para alterarmos a espessura da linha, podemos passar o argumento "LineWidth" seguido por uma vírgula e um algarismo, que representa proporcionalmente a espessura da linha.

Observe que o fragmento de código apresenta a função "title()".

```
title('Analisando funcoes')
```

Essa função simplesmente apresenta um título para o gráfico já aberto na janela de visualização gráfica em questão.

```
xlabel('x')
ylabel('y')
```

Essas funções imprimem no gráfico o nome de cada um de seus eixos. Observe que, para as três funções anteriores, o conteúdo a ser impresso na tela fica dentro de aspas simples.

```
legend(['sin(2*x)';'2*cos(2*x)'])
```

Já essa função, denominada *legend()*, habilita um quadro de legendas no gráfico que se encontra aberto pelo programa. É possível editar manualmente os dados da legenda clicando-se em cima dela.

O comando da última linha – "set(gca(),"grid",[1 1])" – é baseado na função "set()" e realiza a configuração de algumas propriedades gráficas. Nesse caso, o primeiro argumento "gca()" se refere à janela gráfica que já se encontra aberta, o parâmetro "grid" insere as linhas de apoio verticais e horizontais na janela gráfica e o último argumento define o intervalo entre as linhas de apoio verticais e horizontais.

Observe o código e o gráfico de saída a seguir, que traça um fragmento da função cotangente com a cor e a espessura da linha alteradas.

```
x=linspace(0,2,5);
y=cotg(x);
plot(x,y,'r','LineWidth',3);
```

Figura 4.6 – Gráfico da função cotangente com poucos pontos

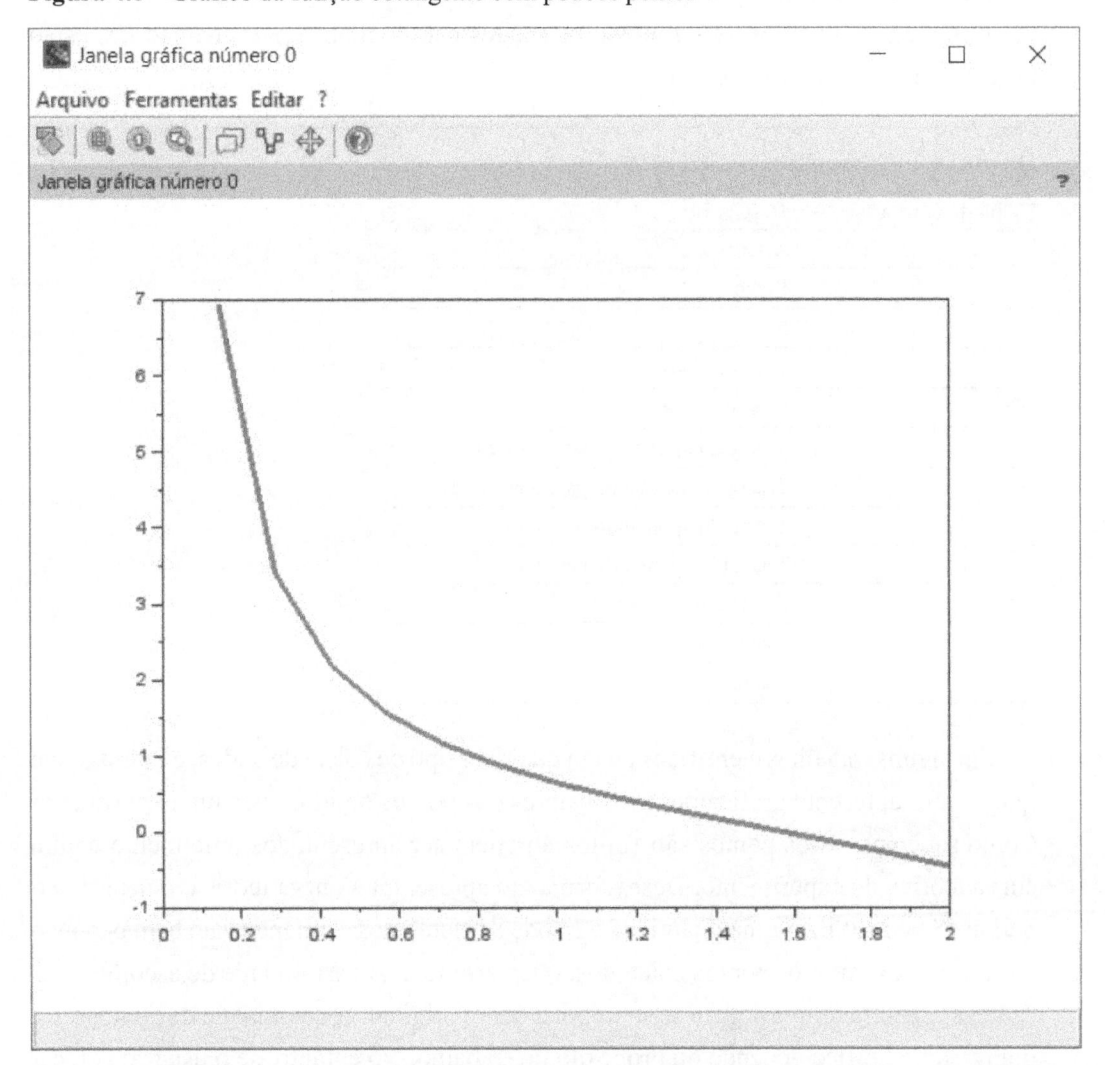

Podemos observar, nesse caso, uma situação que já havia sido comentada no Capítulo 1. Por exemplo, quando queremos representar uma curva que teoricamente seria contínua, como uma forma de onda seno pura, podemos utilizar intervalos bem pequenos entre cada um dos valores tomados. Assim, ao imprimirmos graficamente a função de onda seno, ela parece uma curva teórica sem descontinuidades. Na realidade, sabemos que esse fato é inverídico, pois a curva da onda seno gerada pelo SciLab™ é composta por uma quantidade finita de pontos. Mesmo assim, ao colocarmos intervalos muito pequenos e definirmos a apresentação da curva por meio de uma linha, o que aparece no gráfico é uma curva teórica e contínua.

Outro argumento muito importante que a função "plot()" aceita é o marcador gráfico para cada um dos pontos. Os argumentos aceitos pelo SciLab™ para marcadores estão apresentados no quadro a seguir.

Quadro 4.2 – Marcadores do SciLab™

Tipo de marcador	Descrição
*	Asterisco
.	Ponto
X	X
+	Cruz ou Mais
O	Círculo ou Bola
>	Triângulo apontando para a direita
<	Triângulo apontando para a esquerda
^	Triângulo apontando para cima
v	Triângulo apontando para baixo
'p'	Pentagrama ou estrela
's'	Quadrado
'd'	Diamante

Em alguns trabalhos científicos ou em qualquer tipo de coleta de dados, é interessante que o autor apresente graficamente os valores dos pontos obtidos após um experimento. Como sabemos, esses pontos são finitos e podem ser apresentados juntamente com a curva teórica do experimento. Dessa forma, ao apresentar a curva teórica, o usuário do SciLab™ pode utilizar uma quantidade grande de elementos e um intervalo bem pequeno entre eles. Ao expor os pontos coletados, o usuário tem a possibilidade de escolher marcadores específicos que podem se sobrepor à curva original. A quantidade de pontos a ser impressa no gráfico depende do propósito do trabalho. No entanto, se o usuário colocar muitos pontos de marcação, a visibilidade e o entendimento do gráfico serão prejudicados. Dessa maneira, ao utilizar um tipo de marcador para cada uma das classes de pontos definidas no gráfico, o usuário do SciLab™ deve sempre observar a quantidade de itens que serão apresentados ao mesmo tempo para que a figura não fique cheia de informação e seu entendimento se torne difícil e confuso.

```
x = linspace(-5,5,50);
y = 1 ./(2.*x+x.^2);
y2 = log(1-x.^2);
plot(x,y,'or:');
plot(x,y2,'+k--');
```

Figura 4.7 – Gráfico com marcadores em evidência

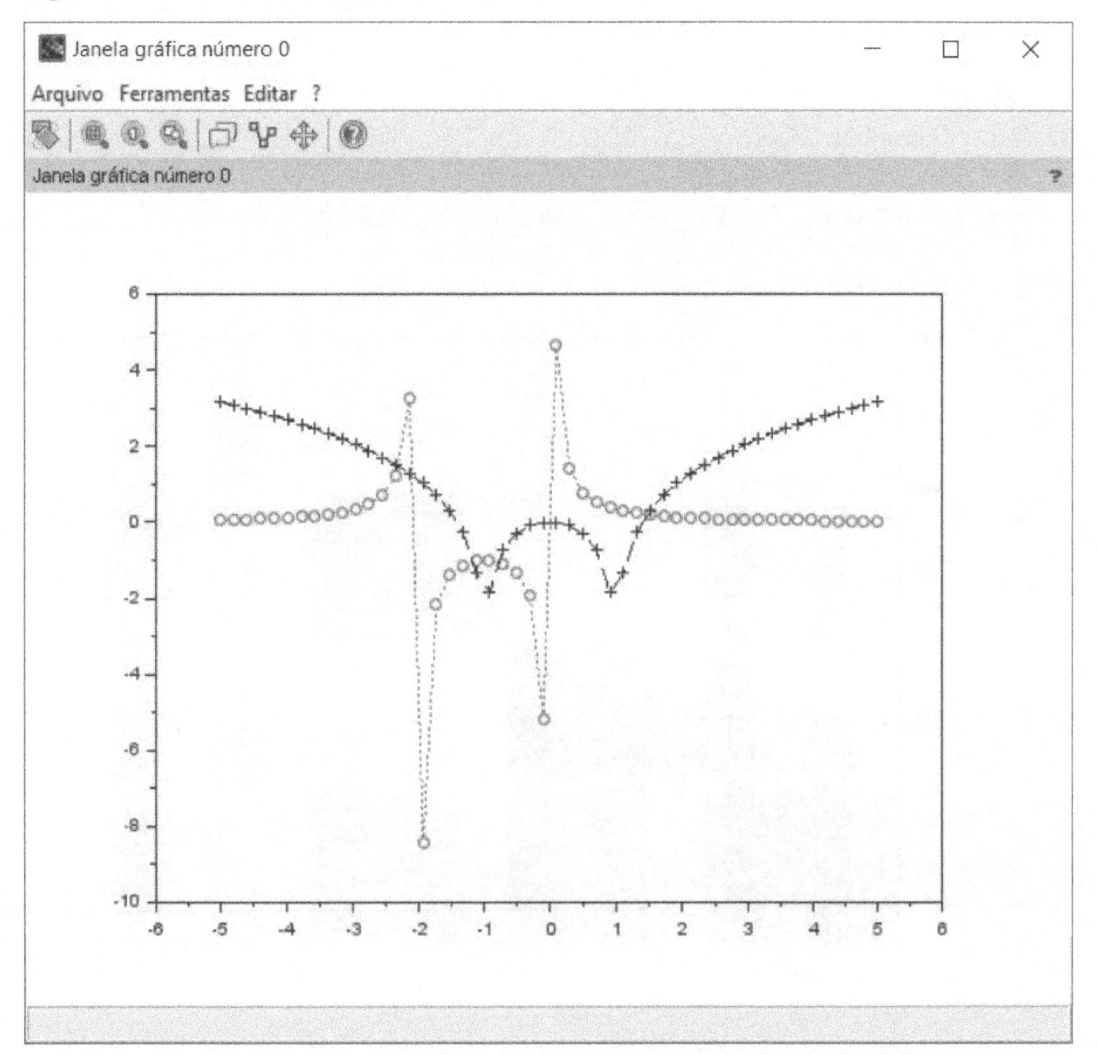

Outra função muito interessante é a "Matplot()" (seu uso é com letra maiúscula), que imprime graficamente a matriz utilizando um esquema de cores para apresentar cada valor. O desenho em duas dimensões apresenta uma forma gráfica de visualizar os conteúdos de uma matriz esparsa, por exemplo. Observe, na Figura 4.8, o conteúdo de uma matriz 800x1600.

Figura 4.8 – Matriz gerada com a função "Matplot()", que a imprime graficamente utilizando um esquema de cores

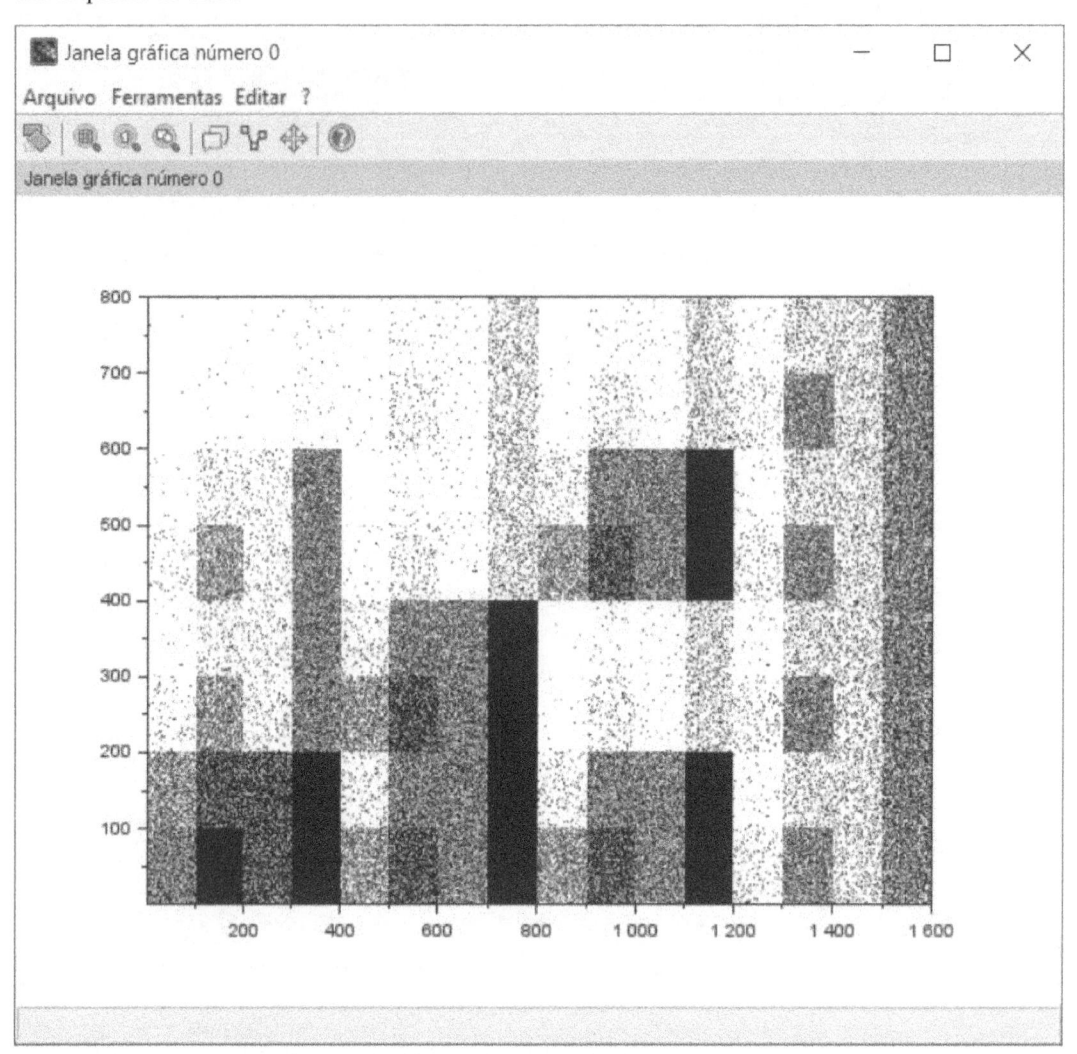

Por sua vez, a função "plot2d3()" imprime o gráfico em duas dimensões em formato de barras verticais. Por exemplo, o índice de rentabilidade de uma conta corrente pode ser mais bem visualizado por esse tipo de gráfico.

Figura 4.9 – Gráfico de barras gerado pela função "plot2d3()"

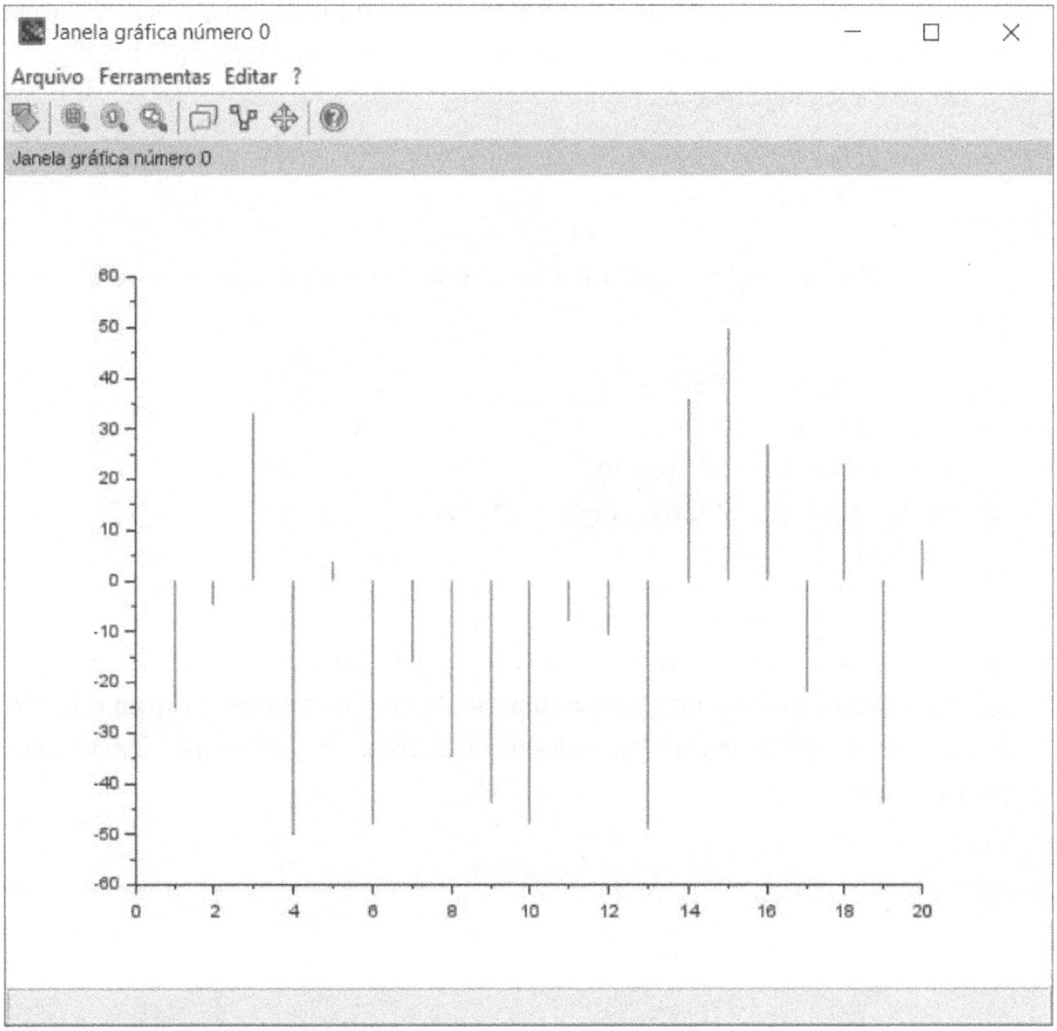

4.5 Gráficos em três dimensões

O SciLab™ permite a criação de gráficos em três dimensões por meio do uso da função "surf()". Para a criação de um gráfico desse tipo, é necessário trabalhar com uma série de pontos dentro de um espaço definido no eixo x e um espaço definido no eixo y. Para tanto, pode ser necessário criar duas matrizes contendo os pontos igualmente espaçados entre si, formando uma espécie de rede. Um comando muito útil que substitui a necessidade de criar uma matriz é o "meshgrid()". Sua funcionalidade é gerar um conjunto de dados igualmente espaçados definindo pontos de teste nos quais serão avaliados os valores de x e y para gerar o resultado da função z.

A função precisa de três argumentos diferentes. O primeiro se refere aos dados do eixo *x*, o segundo se refere aos dados do eixo *y*, e o terceiro, aos do eixo *z*. Um gráfico em três dimensões (3D) tem cores que variam de acordo com a amplitude da função.

Observe a seguinte função *z*:

$$z = \frac{x^2\left(x^3 + y^2\right)}{\left(x^2 + 2y^2\right)}$$

Para realizar a criação do gráfico dessa função, é necessário observar os passos a seguir:

```
vec_x = linspace(-5,5,50)
vec_y = linspace(-5,5,50);
[x,y] = meshgrid(vec_x, vec_y);
z = x.^2 .* (x.^3 + y.^2) ./ (x.^2 + 2*y.^2);
surf(x,y,z)
```

Nesse exemplo, são criados dois vetores com 50 elementos cada um: um chamado de *vec_x* e o outro de *vec_y*. Ambos têm valor mínimo igual a –5 e valor máximo igual a 5. São utilizados os vetores como argumento da função "meshgrid()" para criar um conjunto de dados igualmente espaçados que irão conter os pontos que serão testados para a função *z*.

Figura 4.10 – Gráfico em três dimensões

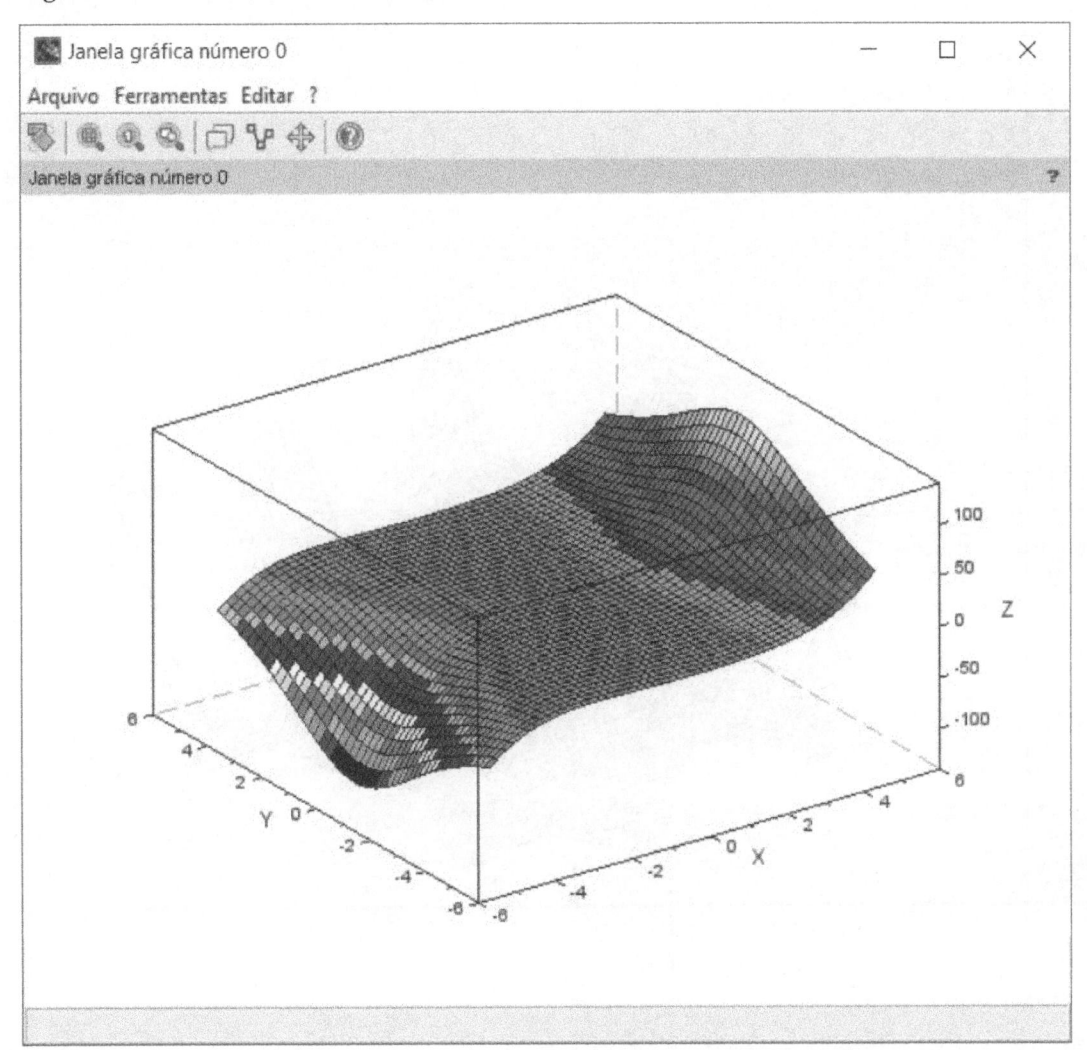

Agora, iremos gerar o gráfico de outra função z dada por:

$$z = \cos^2 x \, \cos^2 y$$

Portanto, é necessário digitar os comandos mostrados a seguir – observe que aumentamos a quantidade de pontos gerando uma malha de pontos x e y bem maior:

```
vec_y = linspace(-3,3,70);
vec_x = linspace(-3,3,70);
[x,y] = meshgrid(vec_x, vec_y);
z=(cos(x).^2).*(cos(y).^2);
surf(x,y,z)
```

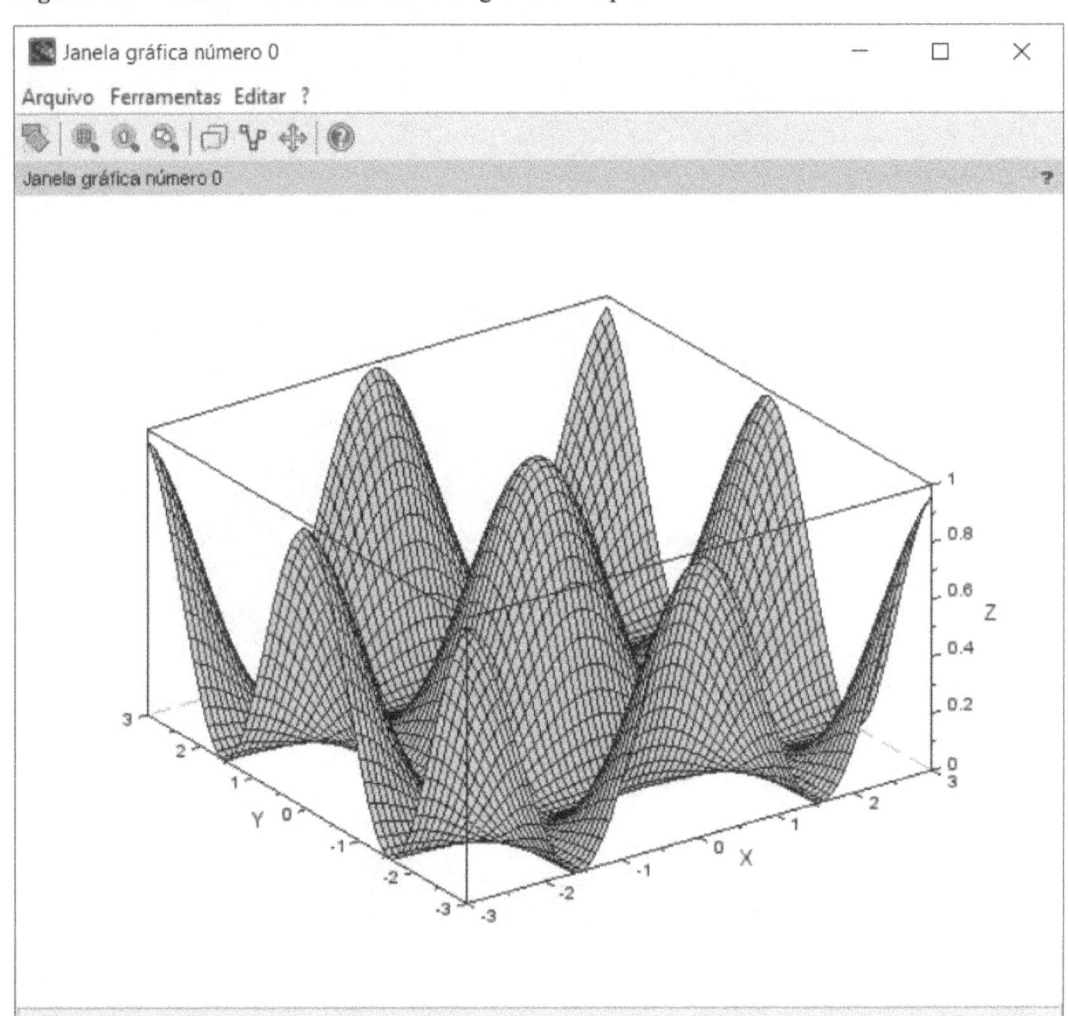

Figura 4.11 – Gráfico em três dimensões (segundo exemplo)

Por fim, como último exemplo, apresentamos o gráfico da função em três dimensões:

$$z = \operatorname{sen}\left(\sqrt{x^2 + y^2}\right)$$

```
vec_x = linspace(-6,6,70);
vec_y = linspace(-6,6,70);
[x,y] = meshgrid(vec_x, vec_y);
z = sin(sqrt(x.^2 + y.^2));
surf(x,y,z)
```

Figura 4.12 – Gráfico em três dimensões (terceiro exemplo)

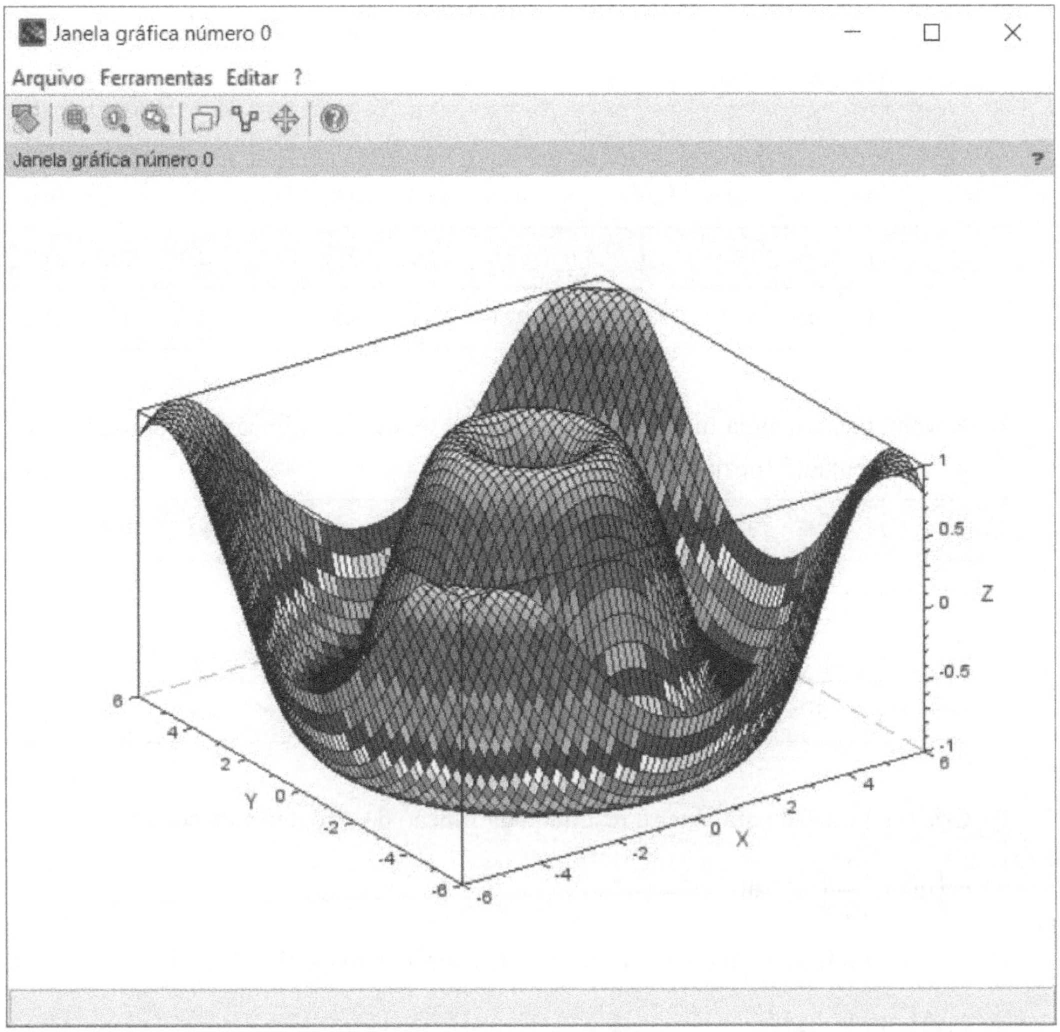

É importante ressaltar que é possível fazer a manipulação dessas figuras utilizando as opções disponíveis na barra de ferramentas de cada uma delas.

SÍNTESE

Neste capítulo, vimos como o SciLab™ trata o ajuste de curvas e auxilia a resolução de cálculos de limites e integrais. Nesse sentido, observamos que ele permite a realização de integrais definidas de forma eficiente e rápida.

A análise de ajuste de curvas também pode ser executada de forma muito eficiente. No geral, *softwares* computacionais matemáticos, como no SciLab™, são muito úteis para o uso no dia a dia, quando o usuário estiver em uma situação em que ele necessita encontrar o resultado o mais rápido possível.

QUESTÕES PARA REVISÃO

1) Crie uma função que realize o ajuste de curva linear e as aproximações para os conjuntos de dados fornecidos a seguir:

x	1.0	2.0	3.0	4.0	5.0	6.0	7.0	8.0	9.0	10.0	11.0	12.0
y	21.0	76.0	0.0	33.0	67.0	63.0	85.0	69.0	88.0	7.0	56.0	66.0
x	13.0	14.0	15.0	16.0	17.0	18.0	19.0	20.0	21.0	22.0	23.0	24.0
y	73.0	20.0	54.0	23.0	23.0	22.0	88.0	65.0	31.0	93.0	21.0	31.0

2) Novamente, crie uma função que realize o ajuste de curva linear e as aproximações para os conjuntos de dados fornecidos a seguir:

x	1.0	2.0	3.0	4.0	5.0	6.0	7.0	8.0	9.0	10.0	11.0	12.0
y	−0.48	−6.72	−2.01	−3.91	−8.30	−5.87	−4.82	−2.23	−8.40	−1.20	−2.85	−8.60
x	13.0	14.0	15.0	16.0	17.0	18.0	19.0	20.0	21.0	22.0	23.0	24.0
y	−8.49	−5.25	−9.93	−6.48	−9.92	−0.50	−7.48	−4.10	−6.08	−8.54	−0.64	−8.27

3) Crie uma função para obter o resultado da função de erro definida como:

$$\mathrm{erf}(z) = \frac{2}{\sqrt{\pi}} \int_0^z e^{-t^2} dt$$

4) Crie uma função para obter o resultado da função gama, definida como:

$$\Gamma(z) \int_0^\infty x^{z-1} e^{-x} dx$$

5) Você coletou dados de vendas durante alguns meses e deseja realizar um ajuste de retas, com os seguintes dados:

Mês: 1, 2, 3, 4, 5, 6, 7;

Vendas: 5, 11, 23, 30, 35, 46, 63.

Gere um ajuste de reta (linear) com um gráfico, vendas x mês no SciLab™, utilizando a função "polyfit()".

QUESTÕES PARA REFLEXÃO

1) Visite a página de ajuda do SciLab™ em português e procure pela função "plot()". Analise a quantidade de argumentos possíveis para a função e depois compare as funções "loglog()", "plot2d()" e "plot2d4()".

2) Explique com suas próprias palavras por que existem diferentes resultados para as funções "intg()", "integrate()", "inttrap()" e "intsplin()".

3) Baseando-se no exemplo apresentado no capítulo sobre limites, escreva uma função que analise os limites pela esquerda e pela direita de qualquer função e em qualquer ponto.

Conteúdos do capítulo:
- Programação linear.
- Valor ótimo de uma função.

Após o estudo deste capítulo, você será capaz de:
1. compreender o que é programação linear;
2. interpretar um problema de programação linear;
3. modelar matematicamente um problema de programação linear;
4. implementar um problema de programação linear em linguagem apropriada para matemática computacional, como o SciLab™.

5
Otimização no SciLab™

5.1 Introdução à programação linear

A programação linear parece, a princípio, ser um ramo das ciências da computação. No entanto, é um método matemático para a análise de problemas que envolvam restrições e um ramo da pesquisa operacional, cujo objetivo é otimizar resultados por meio de funções lineares. Essas funções, por sua vez, podem apresentar restrições diversas. Um problema matemático pode envolver muitas variáveis, as quais enfrentam limites dentro do escopo do problema. Levando em consideração essas restrições, o cenário do problema é analisado por meio de uma modelagem matemática, pela qual uma solução ótima é buscada.

De acordo com o Grupo de Pesquisa Operacional e os Professores (2023) da Universidade Federal do Rio Grande do Sul (UFGRS): "Pesquisa Operacional é uma área que faz uso de métodos analíticos para auxílio na tomada de decisão. Utilizando-se de técnicas de programação matemática, estatística e ciências matemáticas a Pesquisa Operacional tenta chegar a soluções ótimas ou quase-ótimas para problemas complexos [...]".

Essa definição segue a da organização The Institute for Operations Research and the Management Sciences (Informs, 2023).

Para entendermos o que é uma solução ótima, devemos observar que, como o cenário definido pelo problema é limitado, a melhor solução, portanto, deve estar dentro das restrições impostas. A solução ótima significa também que o valor a ser encontrado é um máximo ou um mínimo, dependendo do contexto do problema.

Na programação linear, o problema matemático em questão é definido por uma função linear, ou seja, ele pode ser representado graficamente por linhas, e suas restrições se baseiam em equações ou em inequações lineares. A programação linear é um caso específico da programação matemática – ou da otimização matemática.

Como vimos no Capítulo 3, um algoritmo é uma sequência de cálculos (ou comandos) executados para se chegar a um resultado. O algoritmo pode executar laços de repetição e estruturas de decisão para atingir seu objetivo. A programação linear emprega algoritmos em sua estrutura de busca pelo valor otimizado. Para encontrar a solução do problema, tanto os laços de repetição quanto as estruturas de decisão são orquestrados para serem usados para testar ajustes nas variáveis do problema. Múltiplos resultados são testados e o melhor deles é escolhido dentre o rol de todos os possíveis.

Problemas de programação linear podem ser descritos matematicamente da forma mostrada a seguir.

Exemplificando

Minimize (ou maximize) a expressão k, sujeita às seguintes restrições:

b > c
x > 0
y < 0

A expressão **a** contém variáveis x e y, por exemplo, uma expressão na forma $a = a_1x+a_2y$, em que a_1 e a_2 são constantes. A expressão **b** também é dada na forma $b = b_1x+b_2y$, em que b_1 e b_2 são constantes, além de **c** ser constante. As restrições de $x > 0$ e $y < 0$ também impõem limites para os resultados possíveis.

Exercício resolvido

Uma empresa que fabrica acessórios de cozinha produz dois tipos de parafusos: A e B. Todos eles necessitam de três tipos de metais diferentes em percentuais específicos para cada um. Para a produção do parafuso do tipo A, são necessários 30 g de níquel e 25 g de ferro. Para a produção do parafuso do tipo B, são necessários 40 g de níquel e 55 g de ferro. O lucro por peça do parafuso do tipo A é de R$ 5,00, enquanto o lucro do parafuso do tipo B é de R$ 7,00. No estoque da companhia, há a quantidade diária disponível de 900 g de Níquel e 1000 g de ferro. Resolva o problema de programação linear maximizando a equação de lucro.

■ Resolução

O lucro é nossa função-objetivo, que deve ser otimizada. A equação correspondente a ele é:
L = 5 x + 7 y

Em que x é a quantidade de parafusos produzidos do tipo A e y é a quantidade de parafusos a serem produzidos do tipo B.

As restrições que se impõem ao problema são a quantidade diária disponível de níquel e de ferro por dia na fábrica. Modelando matematicamente, temos:

Restrição do níquel:
30 x + 40 y <= 900

Restrição do ferro:
25 x + 55 y <= 1000

Podemos então colocar as expressões no formato do modelo apresentado no início do capítulo, como mostrado a seguir:

Maximize L = 5 x + 7 y, sujeito às seguintes restrições:
30 x + 40 y <= 900
25x + 55 y <= 1000
x >= 0
y >= 0
Para x e y inteiros.

Uma das formas de encontrar a solução do problema é realizar a análise gráfica das expressões de restrição. Primeiramente, podemos construir retas para os casos ótimos para cada uma delas. Assim, para achar ambas as retas, devemos tomar o caso extremo delas. Dessa forma, a primeira reta é definida pelos pontos (0;22,5) e (30;0). Já a segunda reta de restrição é definida pelos pontos (0;18,2) e (40;0).

Para tanto, podemos utilizar várias ferramentas computacionais e diversos recursos e *softwares* que implementam esquemas para a resolução de problemas de programação linear. No entanto, como escopo de nosso livro, utilizaremos o SciLab™ para criar as linhas utilizando os comandos a seguir:

```
--> plot([0,900/40],[900/30,0]);
--> plot([0,1000/55],[1000/25,0],'r').
```

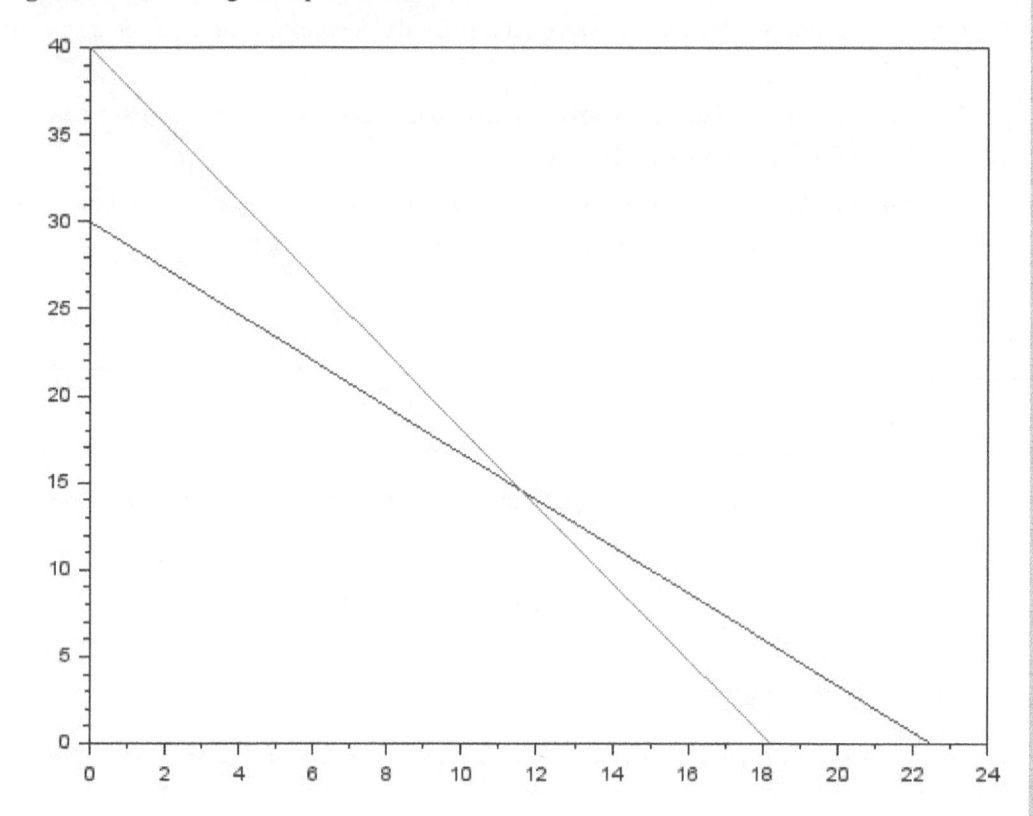

Figura 5.1 – Gráfico gerado pelo SciLab™.

A reta azul representa a expressão $30x + 40y = 900$ e a reta vermelha representa $25x + 55y = 1000$.

As retas encontradas no gráfico são os casos extremos. A área em comum constituída pela intersecção das áreas definidas pelas expressões de inequações é uma área de interesse, pois representa as soluções possíveis para nosso problema.

Visualmente, podemos avaliar que a expressão deve estar muito próximo de $x = 12$. Vamos aplicar esse valor nas expressões de restrição:

$30 * 12 + 40y <= 900 => y <= 13,5$
$25 * 12 + 55y <= 1000 => y <= 12,72$

Portanto, se escolhermos $x = 12$, y deve ser o maior número inteiro comum entre os resultados encontrados para ele. Como estamos interessados em otimizar o lucro, vamos aplicar os valores encontrados na equação do lucro:
$L = 5 * 12 + 7 * 12 = R\$ 144,00$

Agora, vamos testar um outro valor para x; para isso, escolhemos $x = 11$. Assim:

$30 * 12 + 40y <= 900 => y <= 14,25$
$25 * 12 + 55y = 1000 => y <= 13,18$

Como podemos observar, se optarmos por x = 11, o valor ótimo de *y* deve ser igual a 13. Por fim, colocando esse valor na equação de lucro, obtemos:
L = 5 * 11 + 7 * 13 = R$ 146,00

Figura 5.2 – Gráfico gerado pelo SciLab™

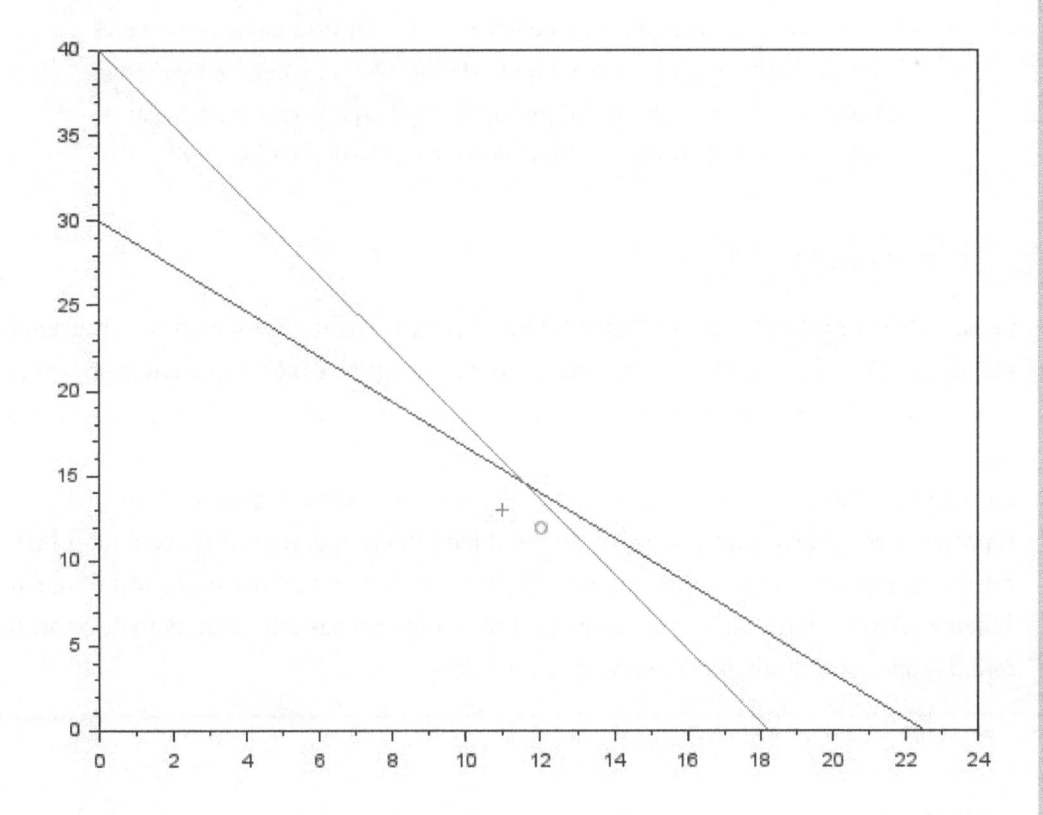

O ponto na cor magenta representa o ponto ótimo (11,13) e o ponto na cor verde representa o outro ponto testado (12,12). Assim, chegamos ao valor máximo de lucro possível dentro das restrições impostas.

O QUE É

Python: linguagem de programação das mais utilizadas atualmente, pois é muito versátil. Assim como o SciLab™, o Python também é uma linguagem interpretada, ou seja, ele é transformado em linguagem de máquina a cada comando processado e difere de outras linguagens compiladas (como C, C++ e Java). Apresenta uma sintaxe simples e ganhou muitos adeptos, visto que pode ser utilizada como linguagem de prototipagem (desenvolvimento rápido para testar uma nova ideia) e construção híbrida (partes do código em uma linguagem e partes em outra). Outra razão de sua

> grande fama é que ele tem diversas bibliotecas que facilitam a forma de programar. Eis algumas delas:
>
> - Numpy – É voltada para a matemática computacional e a manipulação de matrizes, o que torna o Python uma espécie de SciLab™.
> - Pandas – Tem foco na manipulação de dados e permite que o programador trate grandes volumes de dados e realize análises estatísticas sobre eles. Tem sido muito utilizado no contexto de *Big Data* e *Machine Learning*.
> - Matplotlib – É uma biblioteca gráfica do Python e permite a criação de diferentes tipos de gráficos e janelas para a análise de dados.

5.2 Programação linear

O SciLab™ dispõe da função "karmarkar()" para realizar o processo de programação linear. Para demonstrá-la, primeiramente iremos utilizar o exemplo anterior acerca da fabricação de parafusos, considerando os argumentos dados e a função no formato "karmarkar(A,b,c)" – em que A é uma matriz com m linhas e n colunas, em que m é o número de restrições de igualdade linear e n é a quantidade de incógnitas. A matriz A representa as variáveis de restrições de igualdade linear e o vetor b representa o lado direito da restrição de igualdade linear. Por fim, c é a matriz da parte linear da função-objetivo. Ao utilizarmos essa função no SciLab™ com apenas um argumento de retorno, teremos apenas o resultado para o valor ótimo de x:

```
--> xopt = karmarkar(A,b,c)
xopt =
0.0001115
11.538462
```

5.3 Programação linear em planilhas eletrônicas

Os problemas de programação linear podem ser solucionados também com o apoio de planilhas eletrônicas. Esse assunto será detalhado no próximo capítulo. Portanto, você está convidado a avançar ao Capítulo 6 para ser introduzido a esse tema, caso não tenha familiaridade com ele. Nesta obra, utilizaremos como *software* de planilha eletrônica o pacote LibreOffice™, que permite uma configuração muito rápida do ambiente para se chegar a soluções apropriadas para esse tipo de problema matemático.

Figura 5.3 – O recurso Solver se encontra na opção do menu principal "Ferramentas > Solver"

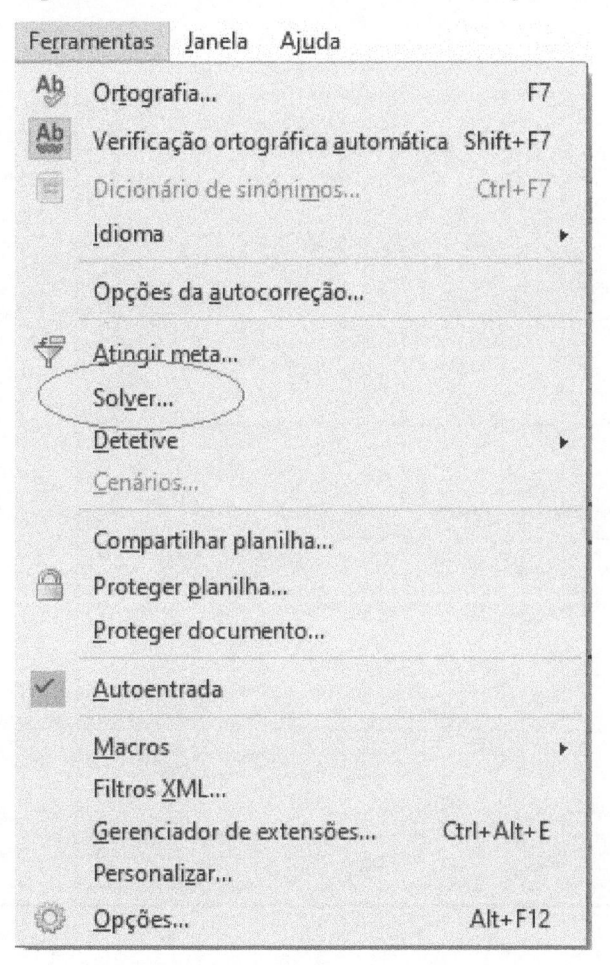

[Menu Ferramentas do LibreOffice Calc com as opções: Ortografia... F7; Verificação ortográfica automática Shift+F7; Dicionário de sinônimos... Ctrl+F7; Idioma; Opções da autocorreção...; Atingir meta...; Solver... (destacado); Detetive; Cenários...; Compartilhar planilha...; Proteger planilha...; Proteger documento...; Autoentrada; Macros; Filtros XML...; Gerenciador de extensões... Ctrl+Alt+E; Personalizar...; Opções... Alt+F12]

Fonte: LibreOffice™ Calc, 2023, destaque nosso.

Dependendo do tipo de instalação realizada no LibreOffice™, pode haver uma mensagem de erro disponibilizada, como a seguinte: "O LibreOffice™ requer um JRE (Java Runtime Environment) para executar essa tarefa. Instale um JRE e reinicie o LibreOffice™". Caso essa mensagem não apareça, apenas continue realizando as instruções a seguir.

Figura 5.4 – Detalhes da janela do Solver

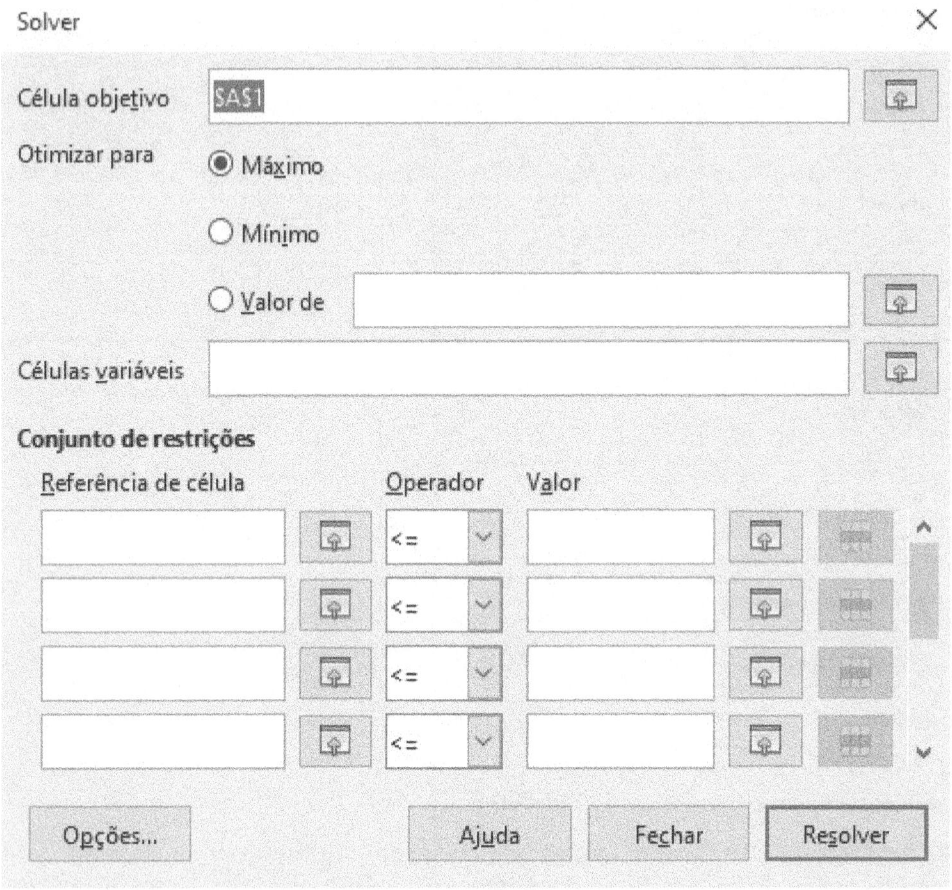

Fonte: LibreOffice™ Calc, 2023, destaque nosso.

A janela do recurso Solver apresentada na Figura 5.4 apresenta diversas configurações que podem ser ajustadas de acordo com a programação linear desejada. Na caixa "Célula objetivo", o usuário do LibreOffice™ deve digitar ou clicar sobre a célula que contém o valor que deve ser otimizado.

Na sequência, existe uma opção com três seleções diferentes com a descrição "Otimizar para". Na primeira opção ("Máximo"), o recurso Solver tenta resolver a equação para o valor máximo da célula-objetivo. Na segunda opção ("Mínimo"), o recurso Solver tenta resolver a equação para o valor mínimo da célula-objetivo. Por fim, na terceira opção ("Valor de"), o Solver tenta resolver a equação da célula-objetivo aproximando o resultado do valor de outra célula, que deve ser indicada. As referências de um intervalo de células que podem ser alteradas devem ser indicadas na caixa denominada "Células variáveis".

Finalmente, o grupo de caixas de configuração "Conjunto de restrições" permite que o usuário defina as equações ou as inequações que impõem limites ao problema de programação linear.

O usuário pode colocar múltiplas restrições, como é possível ver na Figura 5.4. Na opção "Referência de célula", é possível inserir de forma manual ou selecionar com o *mouse* as células da planilha que contêm as variáveis da equação de restrição.

Na caixa "Operador", o usuário pode escolher um dos operadores disponíveis de acordo com sua expressão de restrição. Já no campo "Valor", deve ser indicado um valor ou uma referência de célula que contenha o valor da expressão de restrição.

PARA SABER MAIS

MCKINNEY, W. **Python para análise de dados**: tratamento de dados com Pandas, NumPy e IPython. Rio de Janeiro: Novatec, 2011.

A obra trata da linguagem de programação Python com foco em matemáticos, cientistas da computação, estatísticos e engenheiros. A finalidade do livro é apresentar diversas funcionalidades disponíveis para a análise matemática e a estatística de dados. A geração de dados tem apresentado crescimento exponencial a cada ano que passa, e a forma de tratar e manipular essa grande quantidade tornou-se o objetivo da área de conhecimento chamada de *Big Data*. No entanto, toda fundamentação científica para tratar esses dados é construída sobre conceitos matemáticos ou estatísticos. Dessa forma, os matemáticos podem usar esse livro para aplicar seus conhecimentos teóricos e gerar resultados práticos e reais.

Exercício resolvido

A TopMaq é uma fabricante de *scooters* elétricas que vende apenas dois modelos, a MobbCity e a TopRoadx. Antes do início da produção mensal, o gerente, Sr. S., deve decidir quantas unidades de cada modelo serão produzidos. Seu planejamento deve levar em consideração os recursos no estoque da empresa e a quantidade de horas que ela pode pagar para os funcionários. Em determinado mês, em especial, ela tem disponível apenas 5536 horas-homem e, no estoque, 7536 baterias e 556 inversores.

A venda de cada unidade da MobbCity dá à empresa um lucro de R$ 1.550,00, enquanto a venda de cada unidade da TopRoadx gera à empresa um lucro de R$ 1.870,00. A fabricação de cada unidade do modelo MobbCity requer 22 horas-homem, 8 baterias e 3 inversores, ao passo que, para produzir uma unidade da TopRoadx, são necessárias 18 horas-homem, 10 baterias e 4 inversores. O Sr. S. resolveu montar uma tabela para visualizar melhor os quantitativos

Tabela 5.1 – Levantamento de informações dos produtos

	MobbCity	TopRoadx	Total disponível
Baterias	8	10	7.536
Inversores	3	4	556
Horas-homem	22	18	5.536
Lucro	R$ 1.550,00	R$ 1.870,00	

Agora, utilize o programa LibreOffice™ para solucionar o problema de programação linear enfrentado pelo Sr. S.

■ Resolução

Matematicamente, é possível escrever o problema de programação linear enfrentado pelo Sr. S. com a equação de lucro (função-objetivo):

L = 1550 x + 1870 y

Em que *x* é a quantidade de *scooters* do tipo MobbCity, e *y* é a quantidade de *scooters* do tipo TopRoadx. As restrições são os limites de cada um dos recursos disponíveis. Modelando matematicamente, temos:

Restrição de baterias:
8 x + 10 y <= 7536

Restrição dos inversores:
3 x + 4 y <= 556

Restrição das horas-homem:
22 x + 18 y <= 5536

Podemos então colocar as expressões no formato do modelo apresentado no início do capítulo:

Maximize L = 1550 x + 1870 y, sujeito às seguintes restrições:
8 x + 10 y <= 7536
3 x + 4 y <= 556
22 x + 18 y <= 5536

Em seguida, devemos passar a tabela desenvolvida pelo Sr. S. para uma planilha do LibreOffice™ a fim de calcularmos seu problema de programação linear.

Figura 5.5 – Preenchimento da planilha eletrônica no LibreOffice

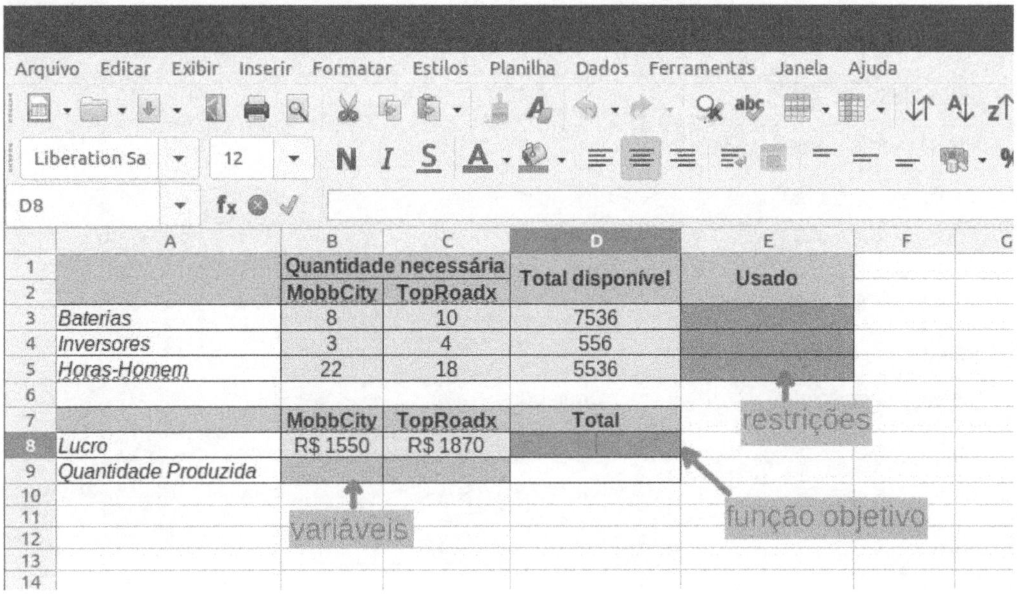

	A	B	C	D	E
1		Quantidade necessária		Total disponível	Usado
2		MobbCity	TopRoadx		
3	Baterias	8	10	7536	
4	Inversores	3	4	556	
5	Horas-Homem	22	18	5536	
6					
7		MobbCity	TopRoadx	Total	
8	Lucro	R$ 1550	R$ 1870		
9	Quantidade Produzida				

(variáveis / restrições / função objetivo)

Depois, devemos digitar nas células destacadas as seguintes fórmulas:

- Célula D8: =(B8*B9)+(C8*C9).
- Célula E3: =(B3*B9)+(C3*C9).
- Célula E4 =(B4*B9)+(C4*C9).
- Célula E5: =(B5*B9)+(C5*C9).

A variável x é representada pela célula B9, e a variável y, pela célula C9. A célula D8 é a função-objetivo que será maximizada pelo algoritmo.

As células E3:E5 representam a quantidade de peças que serão utilizadas e dependem das unidades produzidas. As células D3:D5 representam o lado direito das inequações de nosso modelo matemático.

Depois de criado o modelo, é necessário utilizar o recurso Solver do LibreOffice™. Entrando na opção "Ferramentas@Solver", podemos abrir o aplicativo.

Figura 5.6 – Janela do recurso Solver já preenchida

Solver				×
Célula objetivo	$D$8			
Otimizar para	● Máximo			
	○ Mínimo			
	○ Valor de			
Células variáveis	$B$9:$C$9			
Conjunto de restrições				
Referência de célula		Operador	Valor	
$E$3		<=	$D$3	
$E$4		<=	$D$4	
$E$5		<=	$D$5	
		<=		
Ajuda	Redefinir tudo	Opções...	Fechar	Resolver

Fonte: LibreOffice™ Calc, 2023, destaque nosso.

A Figura 5.6 apresenta a janela do recurso Solver já preenchida, conforme a planilha montada. Dentro dessa janela, devemos escolher "Opções" e, em seguida, será aberta a janela da Figura 5.7.

Figura 5.7 – Janela de opções do recurso Solver com as definições do exercício já marcadas

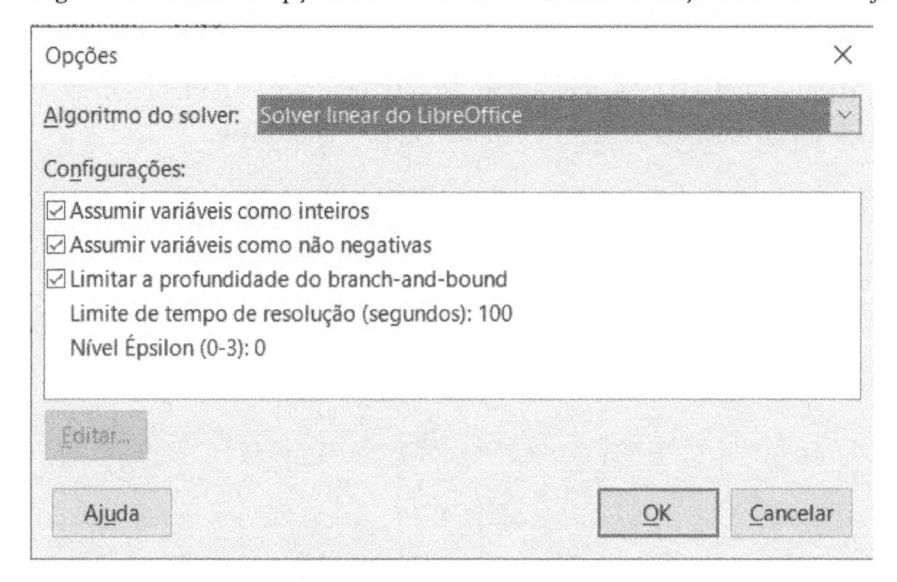

Opções	×
Algoritmo do solver: Solver linear do LibreOffice	
Configurações:	
☑ Assumir variáveis como inteiros	
☑ Assumir variáveis como não negativas	
☑ Limitar a profundidade do branch-and-bound	
Limite de tempo de resolução (segundos): 100	
Nível Épsilon (0-3): 0	
Editar...	
Ajuda	OK Cancelar

Fonte: LibreOffice™ Calc, 2023, destaque nosso.

Observe que, nessa figura, as opções "Assumir variáveis como inteiros" e "Assumir variáveis como não negativas" devem ser marcadas para condizerem com as restrições do exercício em questão.

Figura 5.8 – Resultado da planilha da programação linear proposta

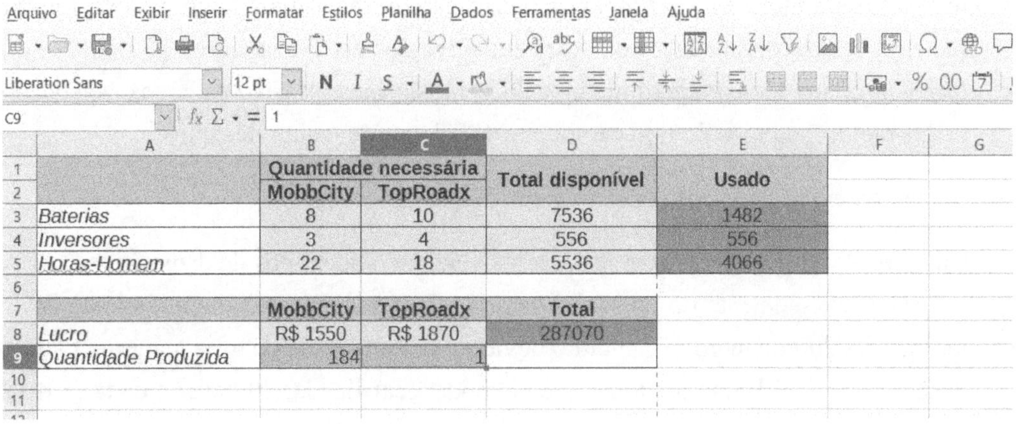

	A	B	C	D	E
1		Quantidade necessária		Total disponível	Usado
2		MobbCity	TopRoadx		
3	*Baterias*	8	10	7536	1482
4	*Inversores*	3	4	556	556
5	*Horas-Homem*	22	18	5536	4066
6					
7		MobbCity	TopRoadx	Total	
8	*Lucro*	R$ 1550	R$ 1870	287070	
9	*Quantidade Produzida*	184	1		

Por fim, ao clicar em Resolver, o problema será executado de forma iterativa até a solução ótima ser encontrada, como pode ser visualizado na Figura 5.8.

Síntese

Neste capítulo, apresentamos os conceitos de programação linear de forma teórica. Em seguida, mostramos como o usuário pode interpretar, modelar e implementar problemas de programação linear no SciLab™.

É importante notar que problemas que envolvem programação linear tratam de diversas variáveis que têm restrições, as quais devem ser obedecidas. A matemática computacional permite que a análise desse tipo de problema seja solucionada sempre se observando os limites impostos pelas restrições.

Questões para revisão

1) Construa novamente o modelo matemático do último Exercício Resolvido deste capítulo e aplique esse modelo ao SciLab™.

2) Implemente o primeiro Exercício Resolvido deste capítulo no LibreOffice™ e utilize o módulo do Solver para resolver o problema de programação linear.

3) Implemente o problema de programação linear proposto a seguir no SciLab™.
   A empresa X produz dois tipos de tênis, os modelos Jordon e Véns. Em determinado ciclo produtivo, a empresa tem em seu estoque 235 cadarços, 826 pedaços de borracha, 624 tecidos do tipo camurça e 786 pedaços de tecido de couro. A venda de cada modelo Jordon dá à empresa um lucro de R$ 300,00, enquanto a venda de cada unidade de Véns gera um lucro de R$ 200,00. A fabricação de cada unidade do modelo Jordon requer 2 cadarços, 8 pedaços de borracha, 4 tecidos do tipo camurça e 7 pedaços de tecido de couro. Para produzir um modelo Véns, são necessários 2 cadarços, 9 pedaços de borracha, 3 tecidos do tipo camurça e 9 pedaços de tecido de couro.

4) Implemente o problema do exercício 3 no LibreOffice™.

5) Um gerente deseja maximizar seus lucros vendendo dois tipos de dispositivos, ABA e BAB. Cada elemento do tipo ABA gera R$ 200 de lucro, e cada unidade de BAB fornece R$ 300 de lucro. No entanto devido a um problema de uma máquina na produção, existe um limite de horas que ela pode ficar ligada, 20 horas a cada 15 dias. O gerente sabe, com base em vários cálculos, que cada unidade do dispositivo ABA leva 1 hora para ser desenvolvida pela máquina, sendo também que a unidade do elemento BAB leva 2 horas. O gerente deve produzir quantas unidades dos dispositivos ABA e BAB para gerar ganhos otimizados para a empresa? Utilize o SciLab™ para resolver esse problema

Questões para reflexão

1) Um confeiteiro deve fabricar 5 bolos por dia para bater sua meta de vendas. Cada tipo de bolo apresenta complexidade e tempo de preparo diferentes. Com base em sua experiência, o confeiteiro desenvolveu um método gráfico que diz quanto tempo demora para cada bolo ficar pronto. No entanto, dependendo da escolha do confeito a ser realizado, alguns processos podem tornar o preparo do próximo bolo mais rápido ou mais lento em razão da otimização ou não do uso de utensílios, fornos, ingredientes e espaço na cozinha. O esboço que ele definiu no começo de um dia é o mostrado a seguir.

Figura A – Diagrama de tempo de preparação dos bolos pelo confeiteiro.

Fonte: O autor

Nessa figura, os bolos são representados dentro dos círculos e o tempo na preparação de cada bolo é discriminado junto às setas.

Dessa forma, o confeiteiro pode definir qual será a ordem de escolha na preparação dos bolos que poderá ser mais rápida, permitindo a ele que termine seu trabalho de forma mais acelerada. Desenvolva as etapas de resolução para esse problema.

2) Utilize o LibreOffice™ ou o SciLab™ para resolver esse problema de programação linear.

Conteúdos do capítulo:

- Matemática computacional utilizada para a implementação de problemas de matemática financeira.
- Operações matemáticas financeiras resolvidas no SciLab™.
- Integração do SciLab™ com planilhas de computador.

Após o estudo deste capítulo, você será capaz de:

1. realizar operações financeiras com planilhas e com o *software* SciLab™;
2. implementar formas de ler e escrever arquivos para serem utilizados como planilha.

6
Matemática financeira no SciLab™

Neste capítulo, abordaremos o tema de matemática financeira. Esse ramo das finanças está em sinergia com a matemática e é muito importante em nosso cotidiano, apesar de, muitas vezes, esquecerem-se de analisá-lo e/ou avaliá-lo nos cursos de matemática. A ideia de trazer esse assunto para este livro é mostrar como a computação pode facilitar diversos cálculos relacionados às finanças. Portanto, apresentaremos alguns conceitos básicos relacionados à matemática financeira para, na sequência, aplicá-los ao SciLab™.

6.1 Conceitos básicos

A seguir, apresentamos, de forma sucinta e em ordem didática, os principais conceitos de matemática financeira.

- **Operação financeira** – Ocorre quando uma entidade empresta (credor) dinheiro a outra (devedor). Nesse caso, é estabelecida uma relação de operação financeira. O credor cobra um valor adicional do devedor para poder lucrar com a operação. O valor cobrado é realizado por meio de um pagamento acrescido de juros. Os juros são a remuneração do credor e, em geral, são pagos por meio de acréscimos em todas as parcelas do pagamento realizado pelo devedor.
- **Capital** – É o valor sobre o qual a operação financeira é realizada, que foi demandado pelo devedor, ou seja, o valor que lhe foi emprestado. Os juros das operações incidem sobre o capital e a soma de ambos geram o montante.
- **Juros simples** – A modalidade de juros simples é uma das formas com que o valor adicional que é cobrado em empréstimos é calculado. Nesse tipo de operação financeira, os juros crescem linearmente ao longo do prazo previsto. Os juros são aplicados apenas ao valor do capital tomado pelo devedor, e é importante observar que são sempre constantes. Eles são calculados por meio da equação:

J = C * i * n

Em que J são os juros, C é o capital inicial da operação, *i* é a taxa de juros e *n* é o prazo da operação.

O valor do montante total M é calculado por:

M = C + J

Ou desta outra forma:

M = C (1+ i* n)

- **Juros compostos** – São utilizados em muitas operações financeiras no dia a dia. Nesse caso, os juros consideram uma atualização do capital a cada iteração do cálculo, fazendo com que a operação tenha uma característica exponencial. Os juros de uma parcela são calculados levando-se em conta o saldo dos juros acumulados. É possível definir que os juros de cada iteração sejam somados ao valor devido de determinado período (formado pelo capital mais os juros acumulados dos períodos anteriores). Observe a equação a seguir:

M = C (1+ i) n

Nesse cálculo, o fator $(1+i)^n$ é chamado de *fator de capitalização*.

Como exemplo, vamos aplicar as equações das duas categorias de juros em uma operação fictícia. Suponhamos que é preciso calcular o montante de uma operação financeira com prazo de 6 meses, na qual foi emprestado o valor de R$ 5.500,00 com taxa de juros de 6% ao mês

Vamos utilizar o SciLab™ para implementar as duas equações de forma acelerada:

```
--> C = 5500;
--> n = 6;
--> i = 0,1;
--> M =C*(1+i*n)
--> C = 5500;
--> n = 6;
--> i = 0,1;
--> M =C*(1+i)^n
```

- **Taxa de juros** – Refere-se a um valor percentual que incide sobre o valor do capital. Essa taxa tem relação com o prazo de devolução do valor pelo devedor e, em geral, é aplicada em cada uma das parcelas executadas pelo devedor. É calculada pela razão entre os juros recebidos e o valor inicial da operação financeira.

- **Montante** – Representa o valor total da operação financeira após o acréscimo dos juros. É o valor final ou futuro que será devolvido ao credor, composto da soma do valor emprestado com o acréscimo dos juros.

6.2 Sistemas de financiamento e de amortização de dívidas

Sistemas de amortização são formas de definição das parcelas de uma operação de financiamento e abatimento de dívidas. Daremos destaque para as duas formas de amortização mais comuns encontradas no mercado financeiro: o sistema Price e o Sistema de Amortização Constante (SAC). As parcelas iniciais do primeiro são menores se comparadas às parcelas do segundo, mas, ao final da operação, a situação se inverte, tornando as parcelas do SAC mais baratas. As parcelas do modelo Price são constantes ao longo do prazo da operação, já as parcelas do modelo SAC sofrem reduções de juros a cada parcela.

No sistema SAC, a amortização é sempre constante, ou seja, o valor que é retirado do saldo devedor é igual para todas as parcelas realizadas ao longo da operação financeira. A fórmula para o cálculo das parcelas do sistema SAC é obtida por meio do seguinte algoritmo:

1. Calcular o valor da amortização constante, realizando simplesmente a divisão do valor do capital financiado pela quantidade de parcelas (em geral, de meses) por meio da expressão:

   $A = C / n$

2. Aplicar para todas as parcelas o mesmo valor de amortização.
3. Encontrar o saldo devedor de determinada parcela subtraindo-se o valor mensal de amortização do saldo devedor anterior.
4. Realizar o cálculo dos juros para o período em questão multiplicando-se a taxa de juros pelo saldo devedor da parcela em questão.
5. Somar os juros encontrados à parcela de amortização.
6. Voltar ao passo 3 e executar todos os passos posteriores até o saldo devedor do mês ser igual a 0.

Por sua vez, o algoritmo de construção das parcelas da tabela Price é realizado da seguinte forma:

1. Aplicar, para todas as parcelas, o mesmo valor com base na equação:

   $= C * ((1+i)^n * i) / ((1+i)^n - 1)$

2. Definir os juros da parcela multiplicando-se a taxa de juros pelo valor do saldo devedor anterior. Na primeira parcela, o cálculo deve ter como base o capital inicial C.
3. Encontrar o valor de amortização de determinado mês subtraindo-se os juros do mês do valor da prestação.
4. Encontrar o valor de saldo devedor do mês de referência e, em seguida, subtrair o valor de amortização do saldo devedor passado.
5. Voltar ao passo 2 e realizar todos os passos posteriores até o saldo devedor do mês ser igual a 0.

6.3 Matemática financeira

Vamos agora implementar um programa simples para encontrar as parcelas de um sistema de amortização do tipo SAC e, na sequência, do tipo Price:

```
function [parcela, saldo, juros, amortizacao]=tabelaPrice(capital, taxa, prazo)
parcela = capital*(1+taxa)^prazo*taxa/((1+taxa)^prazo-1);
parcelaString = msprintf('%.2f', parcela);
saldo = zeros(1,prazo+1);
juros = zeros(1,prazo);
amortizacao = zeros(1,prazo);
saldo(1,1) = capital;
disp("Mês Prestação Saldo Devedor Juros Amortização");
for n = 1:prazo
juros(1,n) = saldo(1,n)*taxa;
amortizacao(1,n) = parcela - juros(1,n);
saldo(1,n+1) = saldo(1,n) - amortizacao(1,n);
jurosString = msprintf('%.2f', juros(1,n));
amortizacaoString = msprintf('%.2f', amortizacao(1,n));
saldoString = msprintf('%.2f', saldo(1,n+1));
disp(string(n)+" "+parcelaString+" "+saldoString+" "+jurosString+" "+amortizacaoString);
end
end
```

Agora podemos utilizar o fragmento de código a seguir para visualizar a evolução das prestações da tabela Price:

```
--> capital = 6236.69;
--> taxa = .1;
--> prazo = 12;
--> tabelaPrice(capital, taxa, prazo)
"Mês Prestação Saldo Devedor Juros Amortização"
"1 915.32 5945.04 623.67 291.65"
"2 915.32 5624.23 594.50 320.81"
"3 915.32 5271.33 562.42 352.89"
"4 915.32 4883.15 527.13 388.18"
"5 915.32 4456.15 488.32 427.00"
"6 915.32 3986.45 445.61 469.70"
"7 915.32 3469.77 398.64 516.67"
"8 915.32 2901.43 346.98 568.34"
"9 915.32 2276.26 290.14 625.17"
"10 915.32 1588.57 227.63 687.69"
"11 915.32 832.11 158.86 756.46"
"12 915.32 0.00 83.21 832.11"
```

Em seguida, devemos escrever a função para gerar a tabela SAC:

```
function [parcela, saldo, juros, amortizacao]=tabelaSac(capital, taxa, prazo)
amortizacao = capital/prazo;
amortizacaoString = msprintf('%.2f', amortizacao);
saldo = zeros(1,prazo+1);
juros = zeros(1,prazo);
parcela = zeros(1,prazo);
saldo(1,1) = capital;
disp("Mês Prestação Saldo Devedor Juros Amortização");
for n = 1:prazo
juros(1,n) = saldo(1,n)*taxa;
parcela(1,n) = amortizacao + juros(1,n);
saldo(1,n+1) = saldo(1,n) - amortizacao;
jurosString = msprintf('%.2f', juros(1,n));
parcelaString = msprintf('%.2f', parcela(1,n));
saldoString = msprintf('%.2f', saldo(1,n+1));
disp(string(n)+" "+parcelaString+" "+saldoString+" "+jurosString+" "+amortizacaoString);
end
end
```

A função "msprintf()" realiza a conversão para formato *string* de outra variável e formata a variável que deverá ser convertida. Nesse exemplo, como estamos trabalhando com matemática financeira, utilizamos duas casas decimais. Assim, passamos a entrada "%.2f" para definir duas casas decimais depois da vírgula. Se quiséssemos quatro casas depois da vírgula, poderíamos utilizar o comando "%.4f" como primeiro argumento de entrada de "msprintf()". O segundo argumento de entrada da função é a própria variável que será convertida para o formato *string*.

Dessa maneira, ao digitarmos o trecho de código a seguir, a função "tabelaSac()" apresentará de forma detalhada os valores de cada prestação.

```
--> capital = 6236.69;
--> taxa = .1;
--> prazo = 12;
--> tabelaSac(capital, taxa, prazo)
"Mês Prestação Saldo Devedor Juros Amortização"
"1 1143.39 5716.97 623.67 519.72"
"2 1091.42 5197.24 571.70 519.72"
"3 1039.45 4677.52 519.72 519.72"
"4 987.48 4157.79 467.75 519.72"
"5 935.50 3638.07 415.78 519.72"
"6 883.53 3118.34 363.81 519.72"
"7 831.56 2598.62 311.83 519.72"
"8 779.59 2078.90 259.86 519.72"
"9 727.61 1559.17 207.89 519.72"
"10 675.64 1039.45 155.92 519.72"
"11 623.67 519.72 103.94 519.72"
"12 571.70 0.00 51.97 519.72"
```

A Figura 6.1 foi gerada com a função "plot()". Podemos verificar a diferença nos valores das parcelas entre os dois métodos e entre a evolução do saldo devedor de ambos.

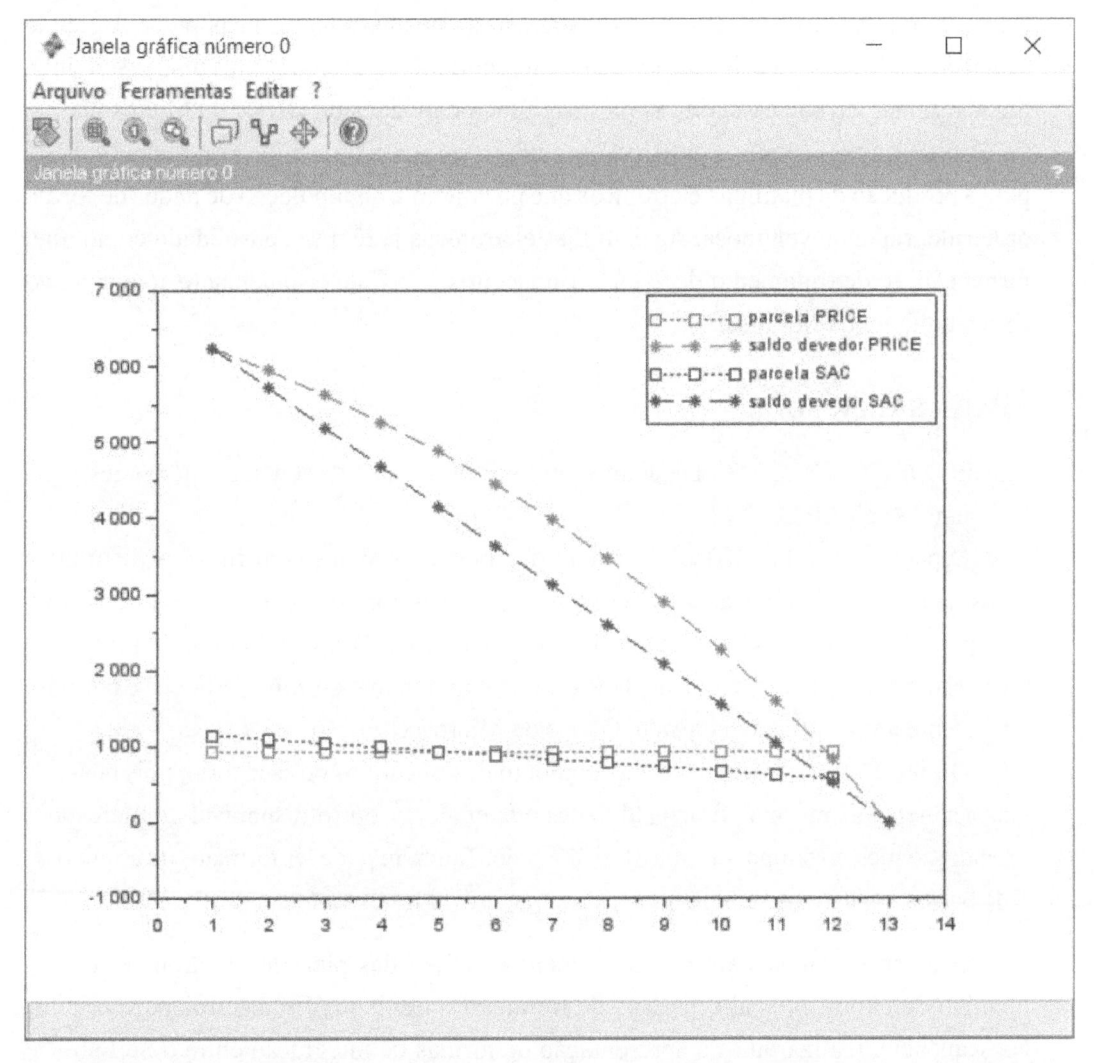

Figura 6.1 – Diferenças entre os sistemas Price e SAC

O SciLab™ pode, portanto, ser utilizado para a construção de algoritmos de matemática financeira. Iremos agora voltar a destacar a ferramenta LibreOffice™ Calc apresentada no capítulo anterior para verificar como ela pode facilitar o trabalho com matemática financeira.

6.4 Introdução às planilhas eletrônicas

Deixaremos de falar um pouco sobre o SciLab™ para tratarmos de outro recurso de *software* muito importante ao se trabalhar com matemática financeira. O LibreOffice™ é uma suíte (ou conjunto) de aplicativos para computadores pessoais cuja finalidade é ser utilizado para fins de produtividade de tarefas de um escritório, como edição de textos, organização de planilhas e preparação de apresentações, entre outras. Esse conjunto de programas é muito utilizado em escritórios ou em ambiente doméstico para fins pessoais e é uma alternativa ao conjunto Office da Microsoft, que é extremamente popular. A grande vantagem do LibreOffice™ é ser *open source* e, portanto, gratuito, assim como o SciLab™. Ele apresenta, em sua essência, as mesmas funcionalidades do Office da Microsoft.

Dentre seus aplicativos, é possível encontrar o *software* Calc. Esse programa é voltado para a produção de planilhas eletrônicas que permitem a manipulação de dados de forma ordenada, rápida e volumosa. As planilhas eletrônicas já têm se consolidado como uma forma padrão de tratamento de valores financeiros, e o Calc é semelhante ao aplicativo Excel, também da Microsoft.

Para saber mais

LIBREOFFICE™. [2023]. Disponível em: <https://pt-br.LibreOffice.org/>. Acesso em: 18 ago. 2023.

O pacote do LibreOffice™ contém diversos programas com funções distintas, dos quais podemos destacar: o Writer, um processador de texto; o Calc, um editor de planilhas; o Impress, um editor de apresentações; o Draw, um editor de gráficos vetoriais; e o Base, um banco de dados. Cada componente do LibreOffice™ é correspondente a um aplicativo da suíte Office da Microsoft.

O LibreOffice™ é um excelente conjunto de aplicativos de escritório, pois possui basicamente as mesmas funcionalidades que qualquer outro disponível no mercado, sendo, ao mesmo tempo, gratuito, leve e rápido. Também pode ler formatos de arquivos de outros aplicativos semelhantes e está disponível totalmente em português.

Nesta seção, apresentaremos os conceitos básicos das planilhas eletrônicas com o objetivo de expor mais alternativas de tratamento de dados financeiros para o leitor. Na sequência, realizaremos a apresentação de formas de integração entre o SciLab™ e os dados constantes em planilhas eletrônicas.

O LibreOffice™ pode ser obtido por meio de *download* em seu *site*[1]. Em seguida, deve-se instalar o *software* e acessar os diversos aplicativos que ele oferece, dentre os quais está o Calc, o editor de planilhas eletrônica do LibreOffice™. Ao inicializá-lo, será possível observar uma janela semelhante à da Figura 6.2.

Um arquivo do Calc tem apenas uma ou diversas planilhas eletrônicas. O usuário pode adicionar mais planilhas clicando na aba de adição de planilhas, conforme a Figura 6.2. Na mesma figura, podemos observar outras abas com nomes diferentes, pelas quais o usuário pode navegar e editar valores em todas elas. Para salvar todas as planilhas existentes em um arquivo do LibreOffice™, é preciso utilizar o processo já conhecido clicando-se

---

1 LIBREOFFICE. [2023]. Disponível em: <https://pt-br.libreoffice.org/>. Acesso em: 18 ago. 2023.

no ícone de disquete. É importante ressaltar que todas as planilhas abertas por diversas abas serão salvas dentro de apenas um arquivo do Calc.

O formato padrão de arquivo do Calc é ".ods". Portanto, ao solicitar para o *software* realizar a operação "Salvar", ele indicará para realizar a salvação nesse formato. É possível trocar essa opção e escolher que o arquivo seja salvo no formato ".xls", que tem maior compatibilidade com os arquivos do Excel. Também é possível salvar o arquivo em outros formatos, como HTML, PDF e CSV. Em particular, o caso da opção CSV é muito interessante, pois salva o arquivo em um formato bem simples, composto apenas de dados brutos que podem ser abertos em outros programas, como o Notepad.

Uma planilha é fundamentalmente uma tabela. A tela inicial do Calc apresenta uma planilha vazia contendo múltiplas linhas e colunas. Para uma melhor identificação de cada célula, as colunas são nomeadas com letras, e as linhas, com números. Uma célula é um único espaço identificado pela intersecção de uma linha e uma coluna. A identificação de cada uma é realizada pela associação da letra da respectiva coluna com o número da respectiva linha. Assim, a célula da sexta coluna e quinta linha é apresentada pela identificação "F5".

É possível inserir um conjunto de caracteres e de algarismos nas células. Também é permitido adicionar imagens e outras mídias eletrônicas que não fazem parte do escopo deste livro. Trabalharemos com dados numéricos e, portanto, focaremos a edição, a manipulação e a transformação de dados matemáticos.

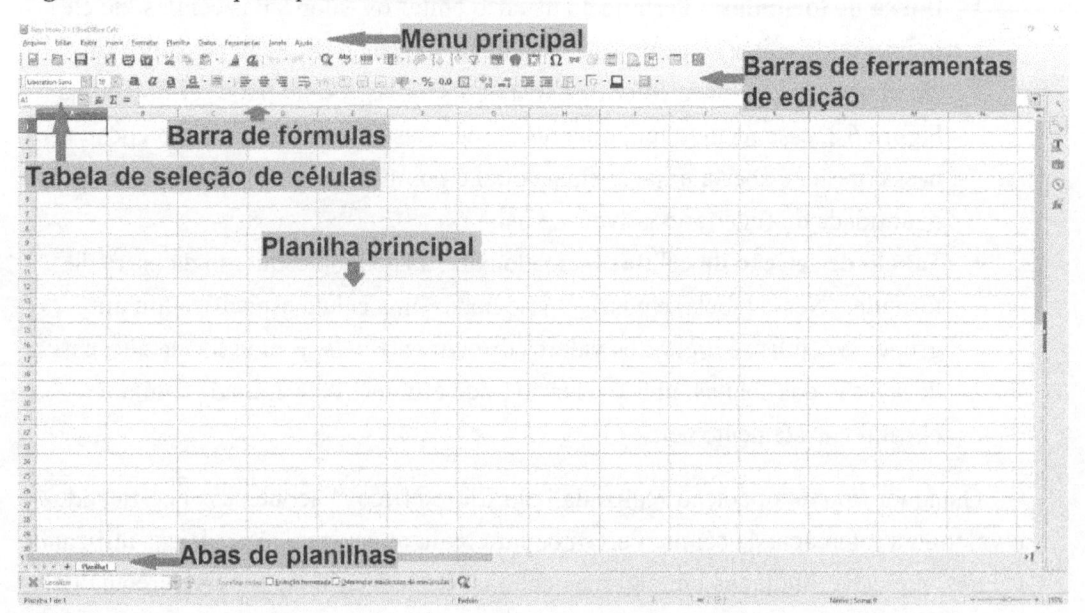

Figura 6.2 – Janela principal do LibreOffice™

A janela principal do *Calc* é apresentada na Figura 6.2. Ela tem os seguintes elementos:

- **Menu principal** – Apresenta formato semelhante ao de outros aplicativos de produtividade e desenvolvimento. Nesse menu, é possível encontrar caixas de opções para salvar ou manipular o arquivo, visualizar sua impressão, editar a fonte e os tamanhos das células e formatar recursos para a inserção de figuras e mídias, entre outras.
- **Planilha principal** – Ocupa o maior espaço do aplicativo aberto e consiste em uma planilha vazia. É uma tabela organizada em que cada célula pode receber uma entrada de valores. O usuário pode selecionar a célula desejada e gerar dados de entrada digitando valores diretamente nela, colando dados ou inserindo um valor por meio de uma fórmula (a qual realiza uma operação lógica ou algébrica sobre outros valores).
- **Abas de planilhas** – É responsável pela identificação da planilha atual (em operação). Nessa seção, é possível incluir uma nova planilha ao arquivo e deletar ou renomear as demais.
- **Barra de ferramentas de edição** – Contém atalhos para as operações constantes na barra de menu principal. Essa barra podem ser adicionada ou suprimida, e os ícones apresentam uma forma rápida para editar os valores das planilhas ou até mesmo sua forma. É interessante que o usuário escolha as opções mais utilizadas em seu dia a dia e customize a barra para facilitar o processo de produtividade.
- **Barra de fórmulas** – Permite ao usuário editar os valores das células. Se ele quiser, pode editar os valores de uma célula clicando diretamente sobre ela. No entanto, ele pode se valer da barra de fórmulas. Como pode ser notado na Figura 6.2, esse recurso tem uma opção de assistente de funções. Ao clicar nessa opção, é aberta uma janela na qual é possível observar uma grande quantidade de funções possíveis de uso.
- **Tabela de seleção de células** – Fica localizada ao lado esquerdo da barra de fórmulas. Nessa tabela, é possível selecionar uma célula específica (ou um grupo de células) e digitar os valores diretamente nela. É uma forma alternativa de seleção das células, pois o usuário pode escolher determinada célula clicando diretamente nela.

Qualquer tipo de operação realizada pelo LibreOffice™ acontece especificando-se o valor ou a referência da célula. Portanto, para realizar as operações básicas utilizando valores que estão digitados em algumas células, é necessário passar a referência delas, por exemplo:

- adição: =C1+T2+B3;
- subtração: =A12-A22;
- divisão: =C1/B1;
- multiplicação: =D1*D2*D3;
- potenciação: =N1^A1.

Conforme foi mencionado, qualquer operação pode receber valores ou referências relativas às células.

Além das operações básicas, o LibreOffice™ oferece diversas funções matemáticas. Algumas delas estão descritas no Quadro 6.1.

Quadro 6.1 – Algumas funções nativas do LibreOffice™

Função matemática	Descrição
ABS	Retorna o valor absoluto
ALEATÓRIO	Gera um número aleatório
ARRED	Arredonda para o número mais próximo
ARREDONDAR.PARA.BAIXO	Arredonda para baixo
ARREDONDAR.PARA.CIMA	Arredonda para cima
CONT.NÚM	Conta a quantidade de células com números
CONT.SE	Conta a célula se o valor obedecer às condições estabelecidas
SINAL	Identifica se a célula tem valor positivo ou negativo
SOMA	Soma um conjunto de células
SOMASE	Soma as células se elas obedecerem a algum padrão
MÉDIA	Retorna a média de um conjunto de valores
MÍNIMO	Retorna o valor mínimo para um conjunto
MÁXIMO	Retorna o valor máximo para um conjunto

O LibreOffice™ pode ler e escrever arquivos com extensão ".csv". O SciLab™ também permite ler e escrever arquivos com essa extensão. Para realizar esse procedimento e importar arquivos oriundos do SciLab™ para o LibreOffice™, podemos realizar o procedimento descrito na sequência.

Inicialmente, devemos criar uma matriz com números aleatórios no SciLab™ utilizando o fragmento de texto a seguir:

```
--> A = rand(20,20)
```

Agora, vamos salvar o arquivo no formato ".csv" utilizando o seguinte comando:

```
-->csvWrite(', 'arquivo.'sv')
```

Figura 6.3 – Arquivo denominado "arquivo.csv", que contém a matriz gerada pelo SciLab™

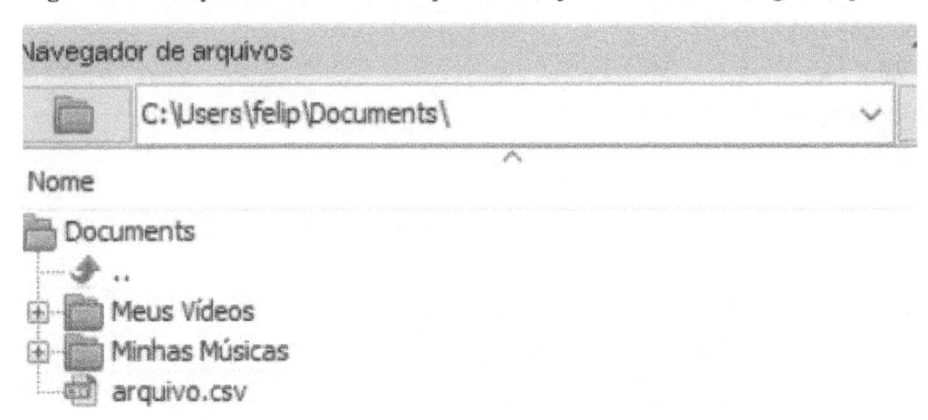

No explorador de arquivos de seu sistema operacional, procure pelo arquivo que acabou de salvar. Para abri-lo, utilizamos o aplicativo Calc, do LibreOffice™. Antes disso, uma mensagem permitindo uma série de opções possíveis para sua formatação será disponibilizada, conforme a Figura 6.4.

Figura 6.4 – Opções ao se importar arquivo com extensão ".csv"

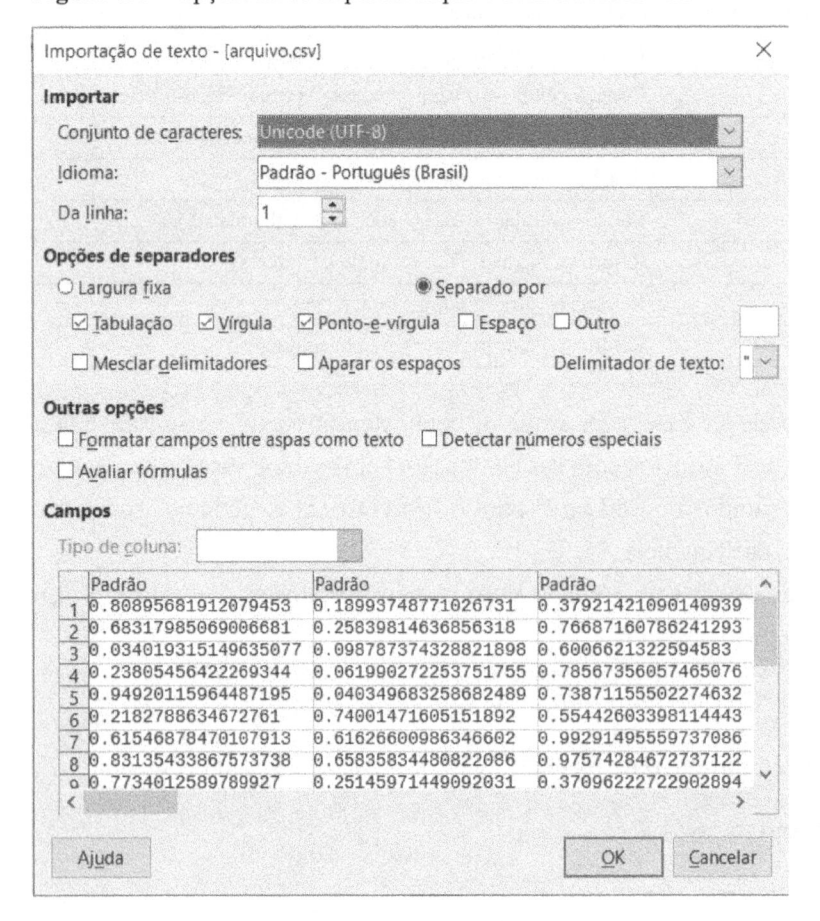

Fonte: O autor, utilizando a ferramenta LibreOffice™, 2023.

Por fim, ao clicarmos em "Ok", teremos a janela do Calc aberta com todos os dados oriundos do SciLab™.

Figura 6.5 – Dados importados no Calc

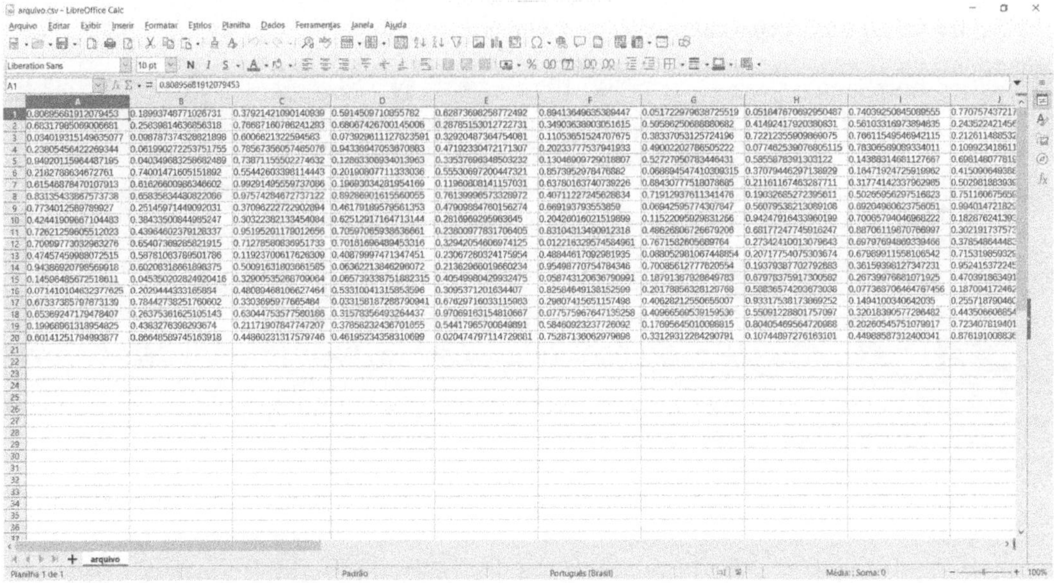

Fonte: O autor, utilizando a ferramenta LibreOffice™, 2023.

Dessa forma, podemos gerar dados no SciLab™ e abri-los no LibreOffice™ Calc para manipulá-los.

6.5 Juros simples e compostos no Calc

Com os conceitos apresentados no começo deste capítulo, é possível realizar os cálculos de juros simples e juros compostos em uma planilha eletrônica. Para esse exemplo, escolhemos as seguintes variáveis: C = R$ 2.000,00, i = 0,08 e n = 6. Esses valores foram colocados conforme pode ser visualizado nas Figuras 6.6 (de juros simples) e 6.7 (de juros compostos).

Nas células A2 e A5 foram inseridas as seguintes fórmulas para juros simples:

- Célula A2:

```
=B2*(1+C2*D2)
```

- Célula A5:

```
=A2-B2
```

Figura 6.6 – Planilha com cálculo de juros simples

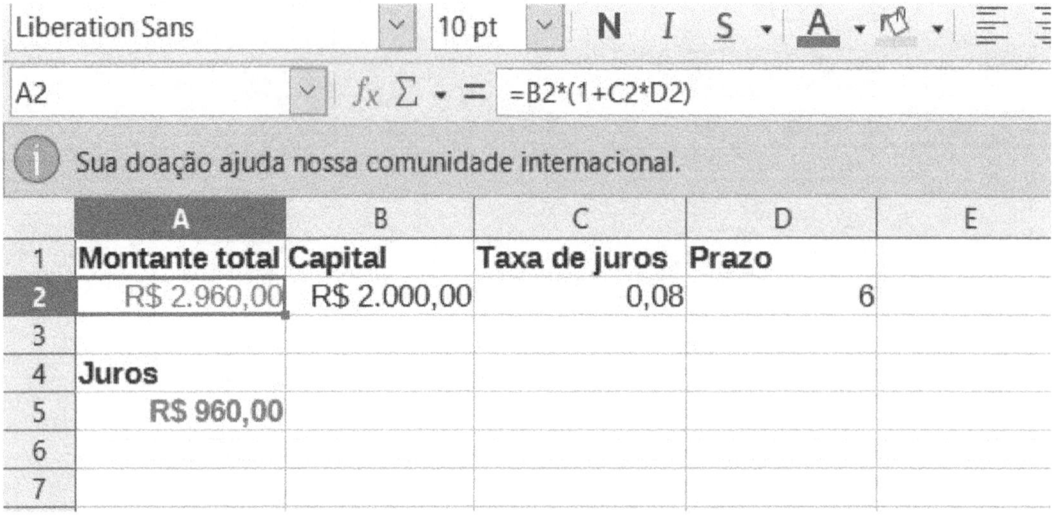
Liberation Sans
10 pt
N I S
A2
=B2*(1+C2*D2)
Sua doação ajuda nossa comunidade internacional.
A B C D E
1 Montante total Capital Taxa de juros Prazo
2 R$ 2.960,00 R$ 2.000,00 0,08 6
3
4 Juros
5 R$ 960,00
6
7

Da mesma forma, para os cálculos de juros compostos, foram digitadas as seguintes fórmulas nas células A2 e A5:

- Célula A2:

```
=B2*(1+C2)^D2
```

- Célula A5:

```
=A2-B2
```

Figura 6.7 – Planilha com cálculo de juros compostos

Liberation Sans | 10 pt | N I S A

A2 | fx Σ = | =B2*(1+C2)^D2

Sua doação ajuda nossa comunidade internacional.

	A	B	C	D
1	**Montante total**	**Capital**	**Taxa de juros**	**Prazo**
2	R$ 3.173,75	R$ 2.000,00	0,08	6
3				
4	**Juros**			
5	**R$ 1.173,75**			
6				
7				

Construímos, agora, na planilha do Calc, uma tabela com a funcionalidade de apresentação de valores no formato de financiamento SAC utilizando as mesmas variáveis empregadas no exemplo anterior.

Figura 6.8 – Tabela SAC implementada no Calc

H11 | fx Σ =

Sua doação ajuda nossa comunidade internacional. | Faça u

	A	B	C	D	E	F	G
1	**Capital**	**Prazo**	**Amortizacao**	**Taxa de juros**	**Juros**	**Parcela**	**Saldo**
2	R$ 2.000,00	6	R$ 333,33	0,08	R$ 160,00	R$ 493,33	R$ 2.000,00
3	R$ 2.000,00	6	R$ 333,33	0,08	R$ 133,33	R$ 466,67	R$ 1.666,67
4	R$ 2.000,00	6	R$ 333,33	0,08	R$ 106,67	R$ 440,00	R$ 1.333,33
5	R$ 2.000,00	6	R$ 333,33	0,08	R$ 80,00	R$ 413,33	R$ 1.000,00
6	R$ 2.000,00	6	R$ 333,33	0,08	R$ 53,33	R$ 386,67	R$ 666,67
7	R$ 2.000,00	6	R$ 333,33	0,08	R$ 26,67	R$ 360,00	R$ 333,33
8							
9							

Figura 6.9 – Fórmulas utilizadas para o cálculo da tabela SAC

Liberation Sans | 10 pt

G2 | =A2

	A	B	C	D	E	F	G
1	Capital	Prazo	Amortizacao	Taxa de juros	Juros	Parcela	Saldo
2	R$ 2.000,00	6	=A2/B2	0,08	=G2*D2	=C2+E2	=A2
3	R$ 2.000,00	6	=A3/B3	0,08	=G3*D3	=C3+E3	=G2-C3
4	R$ 2.000,00	6	=A4/B4	0,08	=G4*D4	=C4+E4	=G3-C4
5	R$ 2.000,00	6	=A5/B5	0,08	=G5*D5	=C5+E5	=G4-C5
6	R$ 2.000,00	6	=A6/B6	0,08	=G6*D6	=C6+E6	=G5-C6
7	R$ 2.000,00	6	=A7/B7	0,08	=G7*D7	=C7+E7	=G6-C7

Observe a Figura 6.8, que mostra valores calculados; já a Figura 6.9 apresenta as fórmulas utilizadas em cada uma das células para gerar a tabela SAC.

6.6 Gráficos do SciLab™ para matemática financeira

Um dos principais gráficos para uso na matemática financeira é o de setores (comumente conhecido como *gráfico de pizza*). O SciLab™ permite a criação desse tipo de gráfico por meio da função "pie()". É comum encontrá-lo na apresentação do percentual de valores gastos de cada parcial ou na visualização do total gasto. É possível passar um vetor de dados como entrada da função, conforme o exemplo a seguir:

```
-->salarios = [5236.36 3269.25 2536.32 2384.25 1336.41 1336.41]
 salarios =
 5236.36 3269.25 2536.32 2384.25 1336.41 1336.41
-->pie(salarios)
```

Figura 6.10 – Gráfico de setores

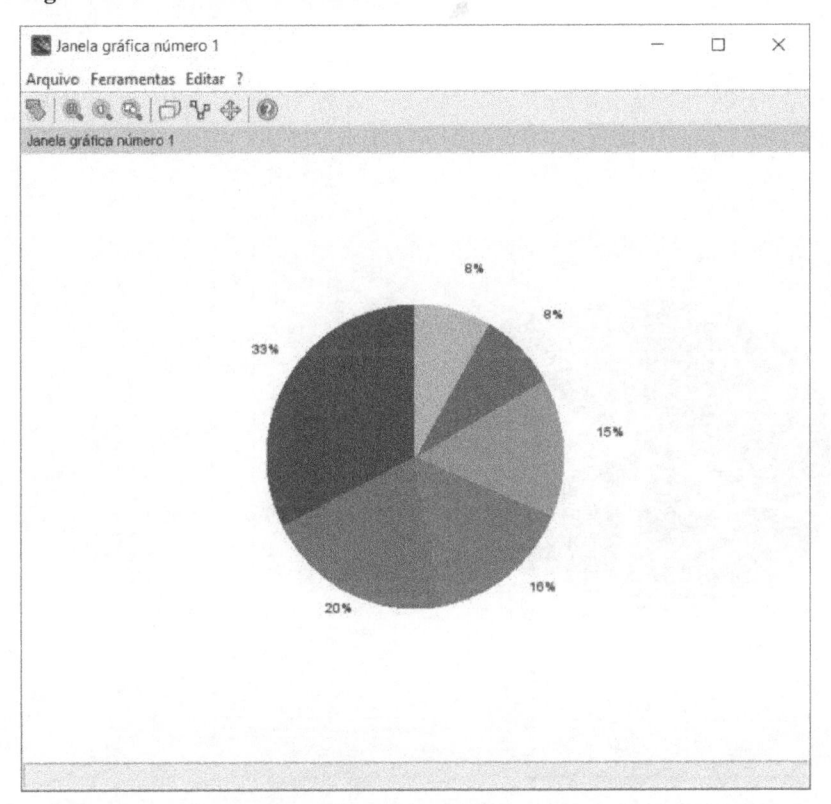

A Figura 6.10 apresenta o gráfico de saída gerado pelo comando, no qual observamos que é apresentado o percentual de cada um dos setores em relação ao total. Também é possível adicionar outra entrada na função que torne alguns dos setores destacados dos demais, enfatizando dados específicos.

```
-->pie(salarios,[0 1 0 1 1 0])
```

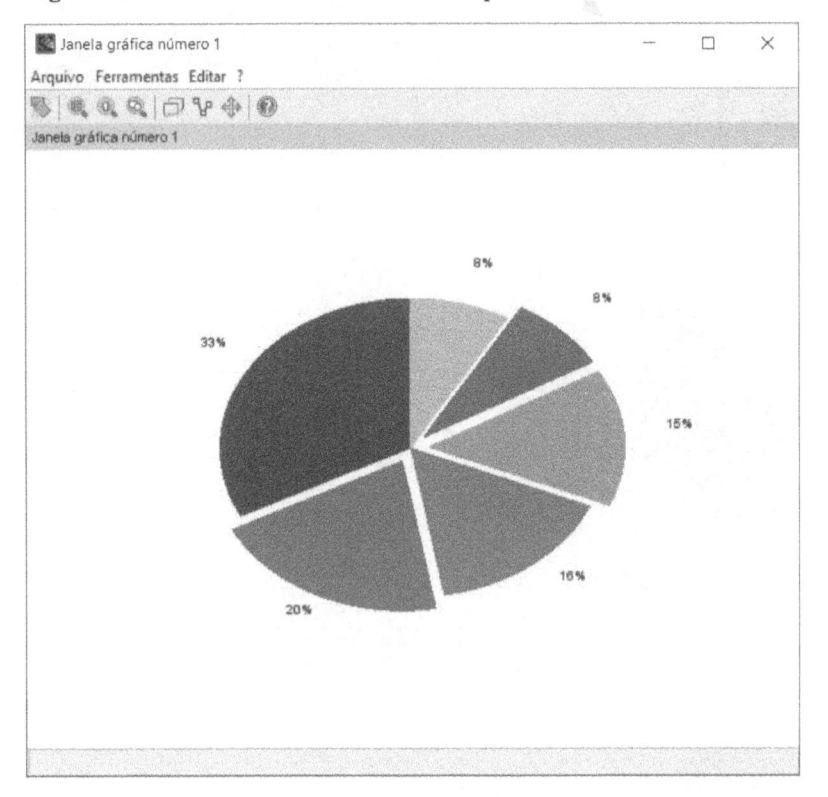

Figura 6.11 – Gráfico de setores com destaques

A nova entrada é um vetor composto de valores de 1 e 0 que relaciona quais dados do primeiro vetor devem estar realçados.

6.7 Módulos adicionais

Conforme discutimos no Capítulo 1, o SciLab™ é construído com base na Licença Pública Geral – General Public License (GPL). Isso significa que qualquer pessoa pode utilizar o *software* para explorá-lo e realizar melhorias nele. Com base nisso, surgiram diversas iniciativas independentes para gerar bibliotecas ou módulos adicionais (também chamados de *toolboxes*) para o SciLab™. Existem diversos módulos disponíveis para serem instalados à parte, sendo necessária primeiramente a instalação do SciLab™ básico para o funcionamento deles. Não é necessário instalar todos os *toolboxes*, visto que usuário pode instalá-los conforme sua necessidade.

O SciLab™ básico é o *software* matemático que estudamos até aqui. Os módulos estendem a funcionalidade do programa básico adicionando a ele mais funções otimizadas para as áreas em questão. Eles são divididos em campos do conhecimento, assim o usuário interessado em trabalhar com processamento de imagem pode instalar esse módulo específico, o qual contém funções desenvolvidas para realizar essa tarefa.

Listamos, no Quadro 6.2, alguns dos principais módulos disponíveis.

Quadro 6.2 – Nome e descrição de alguns módulos (*toolboxes*)

Nome do *toolbox*	Descrição
Image Processing Design Toolbox	Implementa funções para o processamento digital de imagens
MinGw t Toolbox	Implementa funções para conexão com o Windows
SciLab™ Image and Video Processing Toolbox	Implementa funções para o processamento digital de imagens
Arduino	Implementa funções para trabalhar com a placa de testes Arduino
Linear Algebra	Implementa mais funções de álgebra linear
Specfun	Oferece um coleção de funções matemáticas adicionais
CelestLab	Implementa funções para trabalhar com mecânica espacial
Time Frequency Toolbox	Oferece uma coleção de funções para trabalhar com sinais no domínio do tempo ou da frequência
SIMM	Oferece recursos para o ensino de ciências
GUI Builder	Oferece uma coleção de funções para gerar janelas gráficas (no ambiente do usuário)
ANN Toolbox	Implementa funções de redes neurais artificiais
Plotting Library	Implementa funções para a geração de gráficos matemáticos
Aerospace Blockset	Implementa funções relacionadas à dinâmica aeroespacial
Financial	Implementa funções relacionadas às finanças

Para instalar um desses módulos, é necessário utilizar um recurso do SciLab™ chamado de ATOMS (AuTomatic mOdules Management for Scilab, ou, em português "Gerenciamento Automático de Módulos para SciLab"). Trata-se de um repositório (ou depósito virtual) dos módulos, mantido pela SciLab™ Enterprise. Recomendamos que o leitor acesse o *link*[2] indicado e verifique a enorme quantidade de módulos disponíveis.

6.7.1 Instalando um módulo no SciLab™

Para instalar um módulo no SciLab™, é necessário realizar a chamada do Atoms. Para isso, devemos digitar no console a linha a seguir:

```
-->atomsGui
```

O Atoms será iniciado e, em seguida, será aberta uma janela com diversas categorias que oferecem pacotes de vários módulos que podem ser adicionados ao SciLab™. Podemos escolher, por exemplo, a categoria "Linear Algebra", e uma nova janela abrirá,

---

2 SCILAB ENTERPRISE. **Atoms**: homepage. {2023}. Disponível em: <https://atoms.SciLab.org/>. Acesso em: 18 ago. 2023.

conforme a Figura 6.12. Dentro dessa categoria, existem quatro pacotes de módulos disponíveis. Ao selecionarmos o módulo "Linear Algebra", podemos instalar o pacote escolhido clicando o botão "Instalar".

Figura 6.12 – Janela do Atoms apresentando o módulo "Linear Algebra"

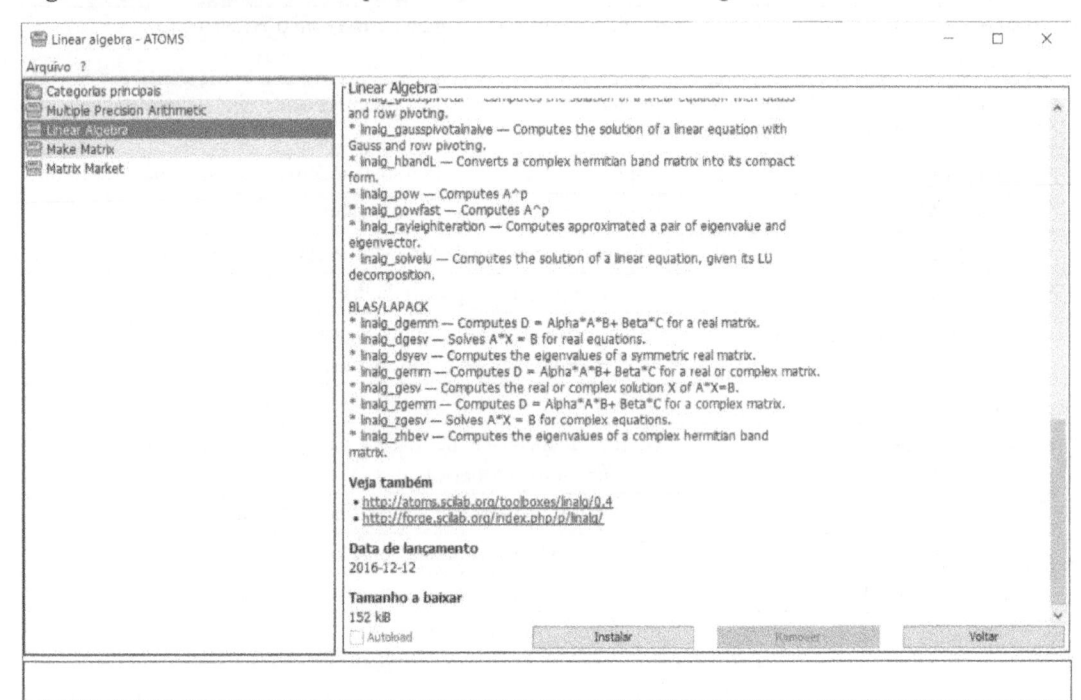

É necessária a conexão com a internet para a efetiva instalação dos pacotes.

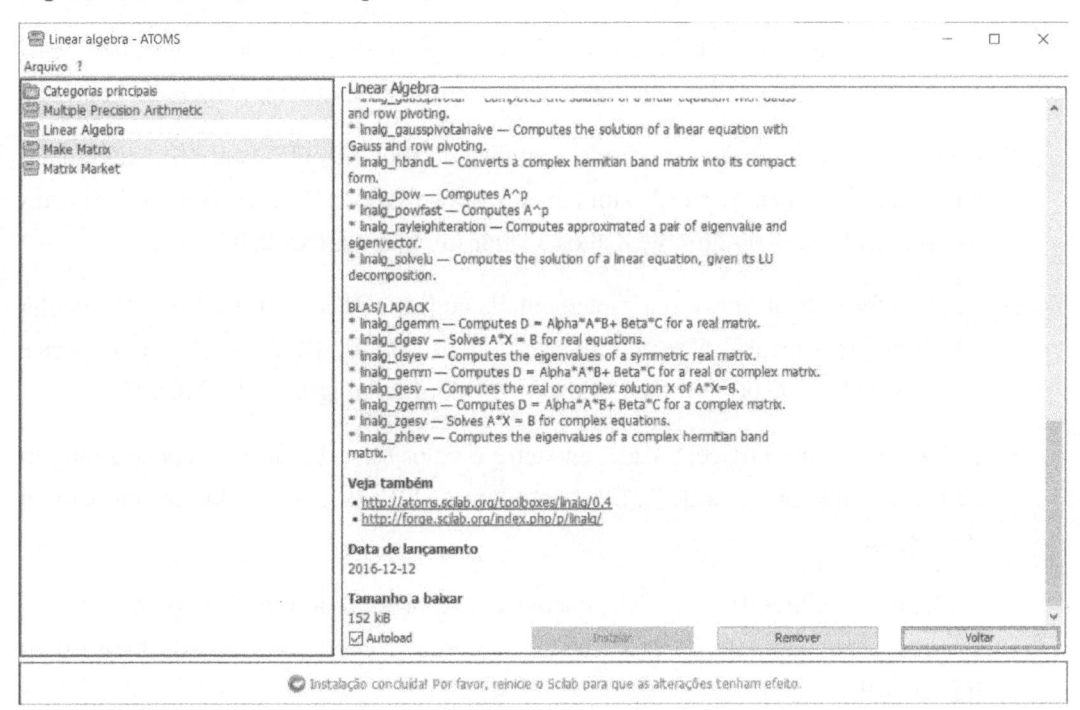

Figura 6.13 – Janela do Atoms apresentando o módulo instalado

Depois de instalado, o módulo já pode ser utilizado e suas funções específicas podem ser acessadas no console.

> **SÍNTESE**
>
> Neste último capítulo, apresentamos formas de se trabalhar com matemática financeira tanto no ambiente do SciLab™ quanto no do LibreOffice™. Depois que o usuário tiver familiaridade com os elementos básicos do ambiente e entendimento sobre como montar algoritmos, será muito fácil construir funções, algoritmos e planilhas que realizem tarefas que lidem com a matemática financeira, envolvendo juros e prazos.
>
> No caso do SciLab™, será necessário programar as funções de matemática financeira. Ambos os recursos apresentados apresentam diversas funções matemáticas e gráficas que facilitam o desenvolvimento de rotinas para gerar programas customizados para o usuário, os quais podem realizar os cálculos financeiros de acordo com a necessidade.

Questões para revisão

1) É possível gerar dados aleatórios na LibreOffice™ Calc, salvá-los no formato ".csv" e depois abri-los no Scilab. Realize esse procedimento para uma tabela 10 × 10.

2) Qual é a fórmula que deve ser implementada no LibreOffice™ Calc a fim de calcular a taxa de juros mensal para acumular um valor final de R$ 27.800,00 com aportes mensais de R$ 256,00 durante 8 anos e valor inicial nulo (R$ 0,00)?

3) Qual é a fórmula que deve ser implementada no LibreOffice™ Calc a fim de calcular a taxa de juros mensal para acumular um valor final de R$ 30.800,00 com aportes mensais de R$ 400,00 durante 120 meses e valor inicial igual a R$ 200,00?

4) Utilizando o LibreOffice™ Calc, encontre o valor total de juros compostos em um financiamento com taxa de 7,3% ao ano durante 20 anos, com valor de empréstimo R$ 200 mil.

5) Utilizando o LibreOffice™ Calc, encontre o valor total de juros compostos em um financiamento com taxa de 0,63% ao mês durante 30 anos, com valor de empréstimo R$ 120 mil.

Questões para reflexão

1) Escolha uma das bibliotecas apresentadas no Quadro 6.2 e realize sua instalação como foi apresentado na seção. Depois, faça uma pesquisa na internet e consulte quais são as principais funções que essa biblioteca implementa. Elabore uma lista com essas funções e tente realizar a implementação de um algoritmo utilizando a biblioteca escolhida.

2) Crie uma tabela SAC no LibreOffice™ Calc. A tabela deve incluir colunas para o período, saldo devedor inicial, prestação, amortização, juros e saldo devedor final. Ajuste as fórmulas de acordo com o que foi mostrado utilizando a ferramenta SciLab™.

Considerações finais

Chegamos ao fim do livro após seis capítulos, nos quais foi possível observar conceitos iniciais do *software* SciLab™. Por meio desse programa, podemos trabalhar de forma extremamente rápida com matemática em ambiente computacional.

Uma das facilidades do SciLab™ é o tratamento de grande quantidade de elementos por meio de matrizes. Assim, podemos realizar análises matemáticas sobre uma grande variedade de dados. O programa também permite a realização de cálculos complexos por meio de uma enorme quantidade de funções predefinidas.

Por fim, o SciLab™ oferece a oportunidade de que possamos desenvolver nossa própria função por meio de objetos de linguagem de programação. Assim, podemos desenvolver recursos customizados de acordo com a necessidade e a quantidade de argumentos de entrada e de saída.

A visualização dos valores manipulados é facilmente obtida por meio de ferramentas gráficas como as funções de visualização em 2D e em 3D. Cálculos matemáticos complexos podem ser mais bem estudados com base nessas ferramentas.

Com o SciLab™, também é possível construir algoritmos como uma linguagem de programação, a exemplo do que foi mostrado na construção de algoritmos para matemática financeira (tabelas Price e SAC). O SciLab™ permite ler ou gravar arquivos em diferentes formatos, que podem ser visualizados ou manipulados em outras ferramentas, por exemplo, o LibreOffice™ Calc. Essa ferramenta tem foco em manipulação de dados em planilha e pode ser utilizada para a análise de matemática financeira.

Por meio SciLab™, apresentamos um panorama da matemática computacional. Destacamos esse *software* porque ele possibilita com facilidade a introdução de conceitos básicos da matemática computacional. Com o conteúdo adquirido neste livro, você já dispõe das ferramentas essenciais para a construção de algoritmos, funções e análise de dados matemáticos. Esperamos que você possa empregar esse conhecimento em sua jornada acadêmica e profissional.

Referências

ANTON, H.; RORRES, C. **Álgebra linear com aplicações**. Tradução de Claus Ivo Doering. 10. ed. Porto Alegre: Bookman, 2012.

BÍBLIA (Novo Testamento). Efésios. Português. **Bíblia Online**. Nova Versão Internacional (NVI), cap. 3, vers. 20. Disponível em: <https://bibliaestudos.com/nvi/efesios/3/>. Acesso em: 10 set. 2023.

CAPUANO, F. G.; IDOETA, I. V. **Elementos de eletrônica digital**. 42. ed. São Paulo: Érica, 2018.

DASSAULT SYSTÈMES. **SciLab™**. [2023a]. Disponível em: <http://www.scilab.org/support/documentation>. Acesso em: 7 ago. 2023.

DASSAULT SYSTÈMES. **SciLab™ 2023.1.0**. Vélizy-Villacoublay, 2023b. Aplicativo.

DASSAULT SYSTÈMES. **SciLab™ 2023.1.0**: Windows 64 bits (exe). Vélizy-Villacoublay, 2023c. Arquivo de instalação. Disponível em: <https://www.scilab.org/download/scilab-2023.1.0>. Acesso em: 9 ago. 2023.

DASSAULT SYSTÈMES. **SciLab™ Online Help**. 2022. Disponível em: <https://help.scilab.org/doc/5.5.2/en_US/grand.html>. Acesso em: 15 ago. 2023.

DE STERCK, H.; ULLRICH, P. **Introduction to Computational Mathematics**: Course Notes for CM 271 / AM 341 / CS 371. Waterloo: University of Waterloo, 2006. Disponível em: <https://climate.ucdavis.edu/AM341.pdf>. Acesso em: 7 ago. 2023.

GRUPO DE PESQUISA OPERACIONAL; PROFESSORES. **Pesquisa operacional**. Universidade Federal do Rio Grande do Sul, [2023]. Disponível em: <https://www.ufrgs.br/pesquisaoperacional/#:~:text=Pesquisa%20Operacional%20%C3%A9%20uma%20%C3%A1rea,complexos%20(DEFINI%C3%87%C3%83O%20do%20INFORMS)>. Acesso em: 17 ago. 2023.

INFORMS – The Institute for Operations Research and the Management Sciences. **Operations Research & Analytics**. [2023]. Disponível em: <https://www.informs.org/Explore/Operations-Research-Analytics>. Acesso em: 17 ago. 2023.

KWONG, W. H. **Resolvendo problemas de engenharia química com software livre SciLab™**. Florianópolis: EdUFSCar, 2021.

LIBREOFFICE. [2023]. Disponível em: <https://pt-br.libreoffice.org/>. Acesso em: 18 ago. 2023.

MCKINNEY, W. **Python para análise de dados**: tratamento de dados com Pandas, NumPy e IPython. Rio de Janeiro: Novatec, 2011.

NICHOLSON, W. K. **Álgebra linear**. Tradução de Célia Mendes Carvalho Lopes, Leila Maria Vasconcellos Figueiredo e Martha Salerno Monteiro. 2. ed. Porto Alegre: AMGH, 2015.

SCILAB ENTERPRISE. **Atoms**: homepage. [2023]. Disponível em: <https://atoms.scilab.org/>. Acesso em: 18 ago. 2023.

THOMAS, G. B. et al. **Cálculo**. Tradução de Paulo Boschcov. São Paulo: Pearson, 2002. v. 1.

VERGARA, W. R. H. **Métodos numéricos computacionais em engenharia**. Rio de Janeiro: Ciência Moderna, 2017.

Respostas

CAPÍTULO 1

Questões para revisão

1)
- **a.** 786.68
- **b.** 891
- **c.** 1.80397
- **d.** 1.90793
- **e.** 2.4082234
- **f.** 9520.5079
- **g.** 2499.1610
- **h.** 0 + 5.4806216i

2)
- **a.** intervalo = (2*%pi-(-2*%pi))/200;
  x = -2*%pi:intervalo:2*%pi;
  y = cos(x.^2);
  plot(x,y,'r')

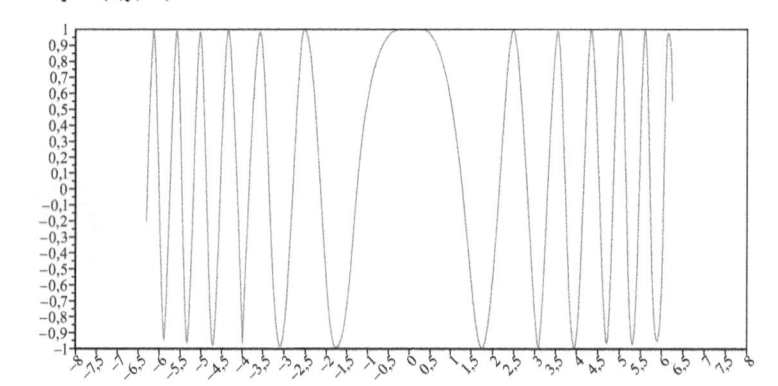

- **b.** intervalo = (4*%pi-(-%pi/2))/200;
  x = -%pi/2:intervalo:4*%pi;
  y = tan(x./sqrt(x));
  plot(x,y,'r')

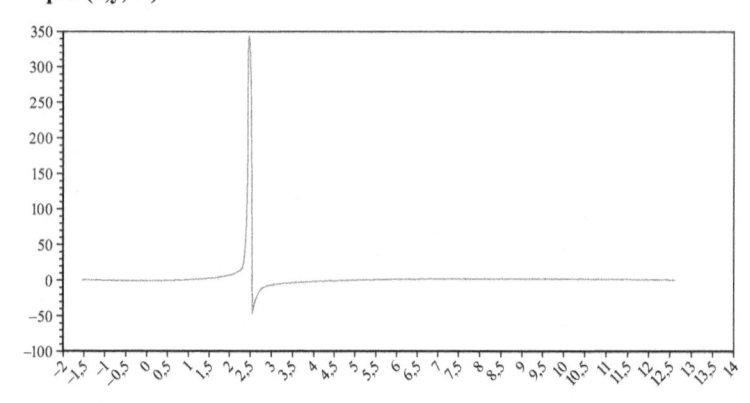

c. intervalo = (4*%pi-(-%pi/2))/1000;
   x = –%pi/2:intervalo:4*%pi;
   y = cos(x)-cos(1./x.^2);
   plot(x,y,'g')

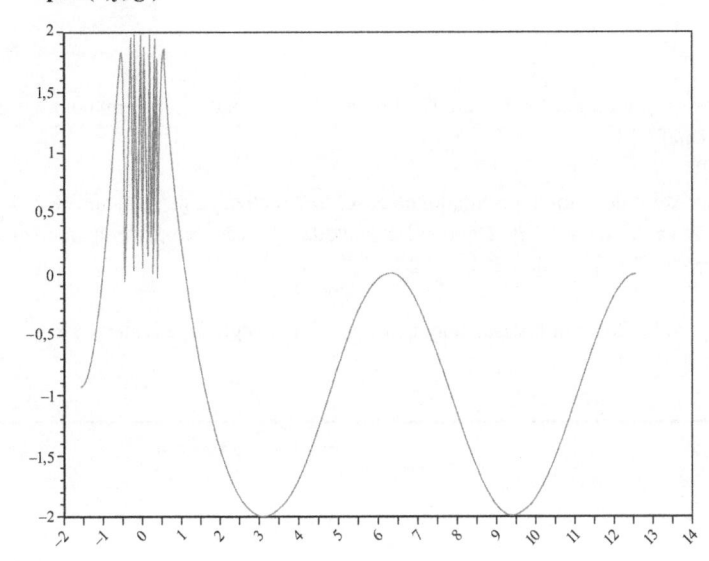

3)
   a. y = 9
   b. y = 27
   c. y = 3
   d. y = 0,75
   e. y = –5
   f. y = 2

4)
   a. y = 30. 27. 24. 21. 18. 15. 12. 9. 6. 3.
   b. h = column 1 to 9
   20. 19.5 19. 18.5 18. 17.5 17. 16.5 16.
   column 10 to 17
   15.5 15. 14.5 14. 13.5 13. 12.5 12.
   column 18 to 26
   11.5 11. 10.5 10. 9.5 9. 8.5 8. 7.5
   column 27
   7.

   c. n = []

   d. n =
   column 1 to 8
   17. 16.7 16.4 16.1 15.8 15.5 15.2 14.9
   column 9 to 16
   14.6 14.3 14. 13.7 13.4 13.1 12.8 12.5
   column 17 to 24
   12.2 11.9 11.6 11.3 11. 10.7 10.4 10.1

column 25 to 33
9.8 9.5 9.2 8.9 8.6 8.3 8. 7.7 7.4
column 34 to 41
7.1 6.8 6.5 6.2 5.9 5.6 5.3 5.

5)
   a. sum(primes(17))
   A função "primes(17)" retorna todos os números primos até 17, eles então são somados um a um com o uso da função "sum()". O resultado final é 58.

   b. prod([factorial(min([10:–1:6])),6])
   A função "min()" retorna o menor valor do vetor apresentado, no caso, 6. É realizada, na sequência a função "factorial()", que encontra o valor de 6! = 720. Depois, é executada a função "prod()", que realiza a multiplicação de elementos do vetor [720 6], resultando em 4320.

   c. cos(max([1:5].^2))
   A função "max()" retorna o maior valor do vetor apresentado, no caso, 25. Em seguida, é realizada a operação "cos(25)", resultando em 0,9912.

CAPÍTULO 2

Questões para revisão

1)   --> A = [12,13,–6;1,4,8;4,–2,9]
     --> B = [5,6,2;11,9,–8;–9,3,9]
     --> C = [5,8,12;–1,15,7;–1,–6,3]

  a. --> M = A+B+C
    M =
    22. 27. 8
    11. 28. 7
    –6. –5. 21

  b. --> M = (A.*C)*B
    M =
    2092. 1080. –1360
    151. 702. 22
    –131. 165. 139

  c. --> M = (A/B).*C
    M =
    1.9035533 8.893401 2.8426396
    –1.5380711 –8.8324873 0.1658206
    –2.5380711 9.5329949 –2.928934

  d. --> M = (C^2)*B
    M =
    –375. 1278. 674.
    764. 1755. –428.
    –881. –1191. 519.

e. --> M = sin(B)
  M =
  −0.9589243 −0.2794155 0.9092974
  −0.9999902 0.4121185 −0.9893582
  −0.4121185 0.14112 0.4121185

f. --> M = cos(A).*cos(B)
  M =
  0.2393695 0.8713034 −0.3995718
  0.0023912 0.5955545 0.0211703
  0.5955545 0.4119822 0.8301584

g. --> M = (A+B)/C
  M =
  2.0137405 −1.8427481 −5.0885496
  1.5145038 −1.2229008 −3.2045802
  −0.0931298 1.378626 3.1557252

h. --> M = A*C*B
  M =
  1909. 3912. −557.
  −391. 330. 402.
  −1056. −207. 991.

2)
  a. --> P = [1,3,−5,6,8,12;
    2,8,4,9,6,5;
    6,9,9,4,7,3;
    −6,2,3,4,−9,1;
    −1,−7,8,3,15,7;
    −1,5,12,−1,−6,3]
    --> Q = [10,3,7,−5,3,18;
    12,−1,2,4,1,0;
    7,4,1,3,8,−7;
    −6,3,0,3,−4,−9;
    2,1,8,6,−3,−4;
    −1,1,0,12,−1,−6]
    --> det_P = det(P)
    det_P =
    36843.000
    --> det_Q = det(Q)
    det_Q = 694446.00
    --> inv_P = inv(P)
    inv_P =
    column 1 to 4
    1.2289987 −5.8281085 5.8247971 4.4054773
    −0.82382 4.0003257 −3.9373287 −3.0664984
    0.0999647 −0.6285319 0.6433244 0.4919252
    0.6607768 −3.2241674 3.2831203 2.6008468
    −0.6393616 3.0023614 −2.9622995 −2.3154466
    0.3243764 −1.1657845 1.1002904 0.847678
    column 5 to 6

```
       0.3116467 −3.222946
      −0.2732134  2.2250631
       0.0668241 −0.3155281
       0.205765  −1.8996824
      −0.1474636  1.6317075
       0.0656027 −0.5571208
--> inv_Q = inv(Q)
 inv_Q =
 column 1 to 4
  0.0088704  0.1108625 −0.0055181  0.0565804
  0.106891   0.0209937  0.0309081  0.2175259
 −0.0116611 −0.073663   0.0241372 −0.081524
  0.0121997 −0.0124632 −0.0101865 −0.0364694
 −0.02503   −0.1121772  0.0895966 −0.1525129
  0.0449077 −0.0212083 −0.0292348 −0.0206956
 column 5 to 6
 −0.0347874 −0.02863
 −0.1026415  0.0267523
  0.1506021 −0.0412588
 −0.0062856  0.1073777
  0.038746   0.0233193
 −0.0303379  0.0534325
```

3)

a.
```
--> A = [3 6 8 9;
  > 6 −1 8 −4;
  > 7 9 6 3;
  > 3 2 1 4]
 A =
  3.  6.  8.  9.
  6. −1.  8. −4.
  7.  9.  6.  3.
  3.  2.  1.  4.
--> B_n = [−7;−8;−5;6]
 B_n =
 −7.
 −8.
 −5.
  6.
--> linsolve(A,B_n)
 ans =
 −1.9268085
  1.0655319
  2.0306383
 −1.0953191
```

b. --> A = [3 9 0;
> 5 1 –1;
> –1 6 2]
A =
3. 9. 0.
5. 1. –1.
–1. 6. 2.
--> B_n = [–10;–5;–3]
B_n =
–10.
–5.
–3.
--> linsolve(A,B_n)
ans =
0.6491228
0.8947368
–0.8596491

c. --> A = [4 –8 –3;
> 2 2 –1;
> –1 7 2]
A =
4. –8. –3.
2. 2. –1.
–1. 7. 2.
--> B_n = [–15;–13;20]
B_n =
–15.
–13.
20.
--> linsolve(A,B_n)
ans =
–9.0000000
3.0000000
–25.000000

4) A = sparse(10, 10);
A(2, 2) = 32;
A(4, 4) = 12;
A(1, 5) = 51;
A(8, 8) = 53;
resultado_a = A + A;
resultado_b = [A, A; A, A; A, A];
resultado_c = [4*A; 5*A; –6*A];

5) transposta_A = A';
quarta_linha_A = A(4, :);
quinta_coluna_A = A(:, 5);
determinante_A = det(A);

CAPÍTULO 3

Questões para revisão

1)
```
--> Sal = [5263.63    4836.33    1236.95    3256.31    12532.6    6725.96    7835.00;
>   3266.52    5263.63    3201.22    2533.96    1250.42    1325.64    10342.20;
>   3226.22    7526.33    3526.68    3694.25    5632.47    5263.63    1530.44;
>   2563.25    6953.14    5636.55    4500.00    2569.33    4201.12    2400.00]
Sal =
column 1 to 5
5263.63  4836.33  1236.95  3256.31  12532.6
3266.52  5263.63  3201.22  2533.96  1250.42
3226.22  7526.33  3526.68  3694.25  5632.47
2563.25  6953.14  5636.55  4500.    2569.33
column 6 to 7
6725.96  7835
1325.64  10342.2
5263.63  1530.44
4201.12  2400
--> media = mean(Sal)
 media =
 4574.7779
--> mediana = median(Sal)
 mediana =
 3947.685
--> desv_pad = stdev(Sal)
 desv_pad =
 2708.7461
--> tabul(Sal)
 ans =
 12532.6   1
 10342.2   1
 7835.     1
 7526.33   1
 6953.14   1
 6725.96   1
 5636.55   1
 5632.47   1
 5263.63   3
 4836.33   1
 4500.     1
 4201.12   1
 3694.25   1
 3526.68   1
 3266.52   1
 3256.31   1
 3226.22   1
 3201.22   1
 2569.33   1
 2563.25   1
```

2533.96 1
2400. 1
1530.44 1
1325.64 1
1250.42 1
1236.95 1
O salário de R$ 5.263,63 é repetido três vezes. Esse valor é a moda.
--> histplot(8,Sal,normalization=%f)
ans =
8. 6. 6. 3. 3. 0. 1. 1
--> peso = [9 6 1 5 25 9 15;
3 7 4 3 1 1 20;
5 10 3 6 10 9 5;
5 12 8 8 7 7 5]
peso =
9. 6. 1. 5. 25. 9. 15.
3. 7. 4. 3. 1. 1. 20.
5. 10. 3. 6. 10. 9. 5.
5. 12. 8. 8. 7. 7. 5.
--> Sal_P = sum(Sal .* peso)/sum(peso)
Sal_P =
6382.6965

2) --> Y(1,:) = grand(1,100,"nor",0,1);
--> Y(2,:) = grand(1,100,"nor",0,2);
--> Y(3,:) = grand(1,100,"nor",0,3);
--> Y(4,:) = grand(1,100,"nor",0,4);
--> Y(5,:) = grand(1,100,"nor",0,5);
--> histplot(15,Y(1,:),normalization=%f);
--> histplot(15,Y(2,:),normalization=%f);
--> histplot(15,Y(3,:),normalization=%f);
--> histplot(15,Y(4,:),normalization=%f);
--> histplot(15,Y(5,:),normalization=%f);

3) -->Y=grand(1,1000,"chi", 5);

4) --> Y=grand(1,100,"bin",6,0.8);
--> plot2d3(Y);

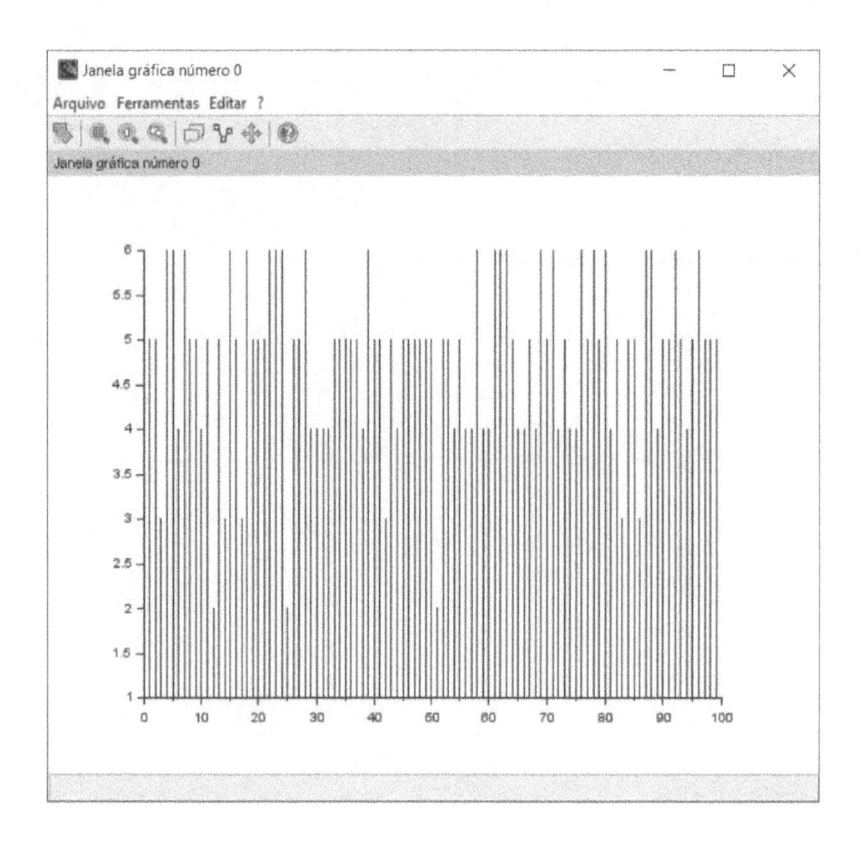

5) ```
function resultado=Calculo(x, y)
resultado = 0;
select y
case 0 then
for j = 1:20
resultado = resultado + x^j;
end;
case 1 then
for j = 1:20
resultado = resultado + x/factorial(j);
end;
case 2 then
h=1;
for j = 1:2:20
resultado = resultado – (x^j)/factorial(j)*(h);
h=h*(–1);
end;
else
resultado = 0;
end
endfunction
```
```

CAPÍTULO 4

Questões para revisão

1) function [a,b,f_x]=Calculo(x, y)
n = max(size(x));
plot(x,y,'ro')
xy = x.*y;
x2 = x.^2;
y2 = y.^2;
SomaX = sum(x);
SomaY = sum(y);
SomaXY = sum(xy);
SomaX2 = sum(x2);
SomaY2 = sum(y2);
a = (n*SomaXY-SomaX*SomaY)/(n*SomaX2-SomaX^2);
b = (SomaY*SomaX2-SomaX*SomaXY)/(n*SomaX2-SomaX^2);
xlinha = linspace(0,n,1000);
f_x = a.*xlinha+b;
plot(xlinha,f_x,':')

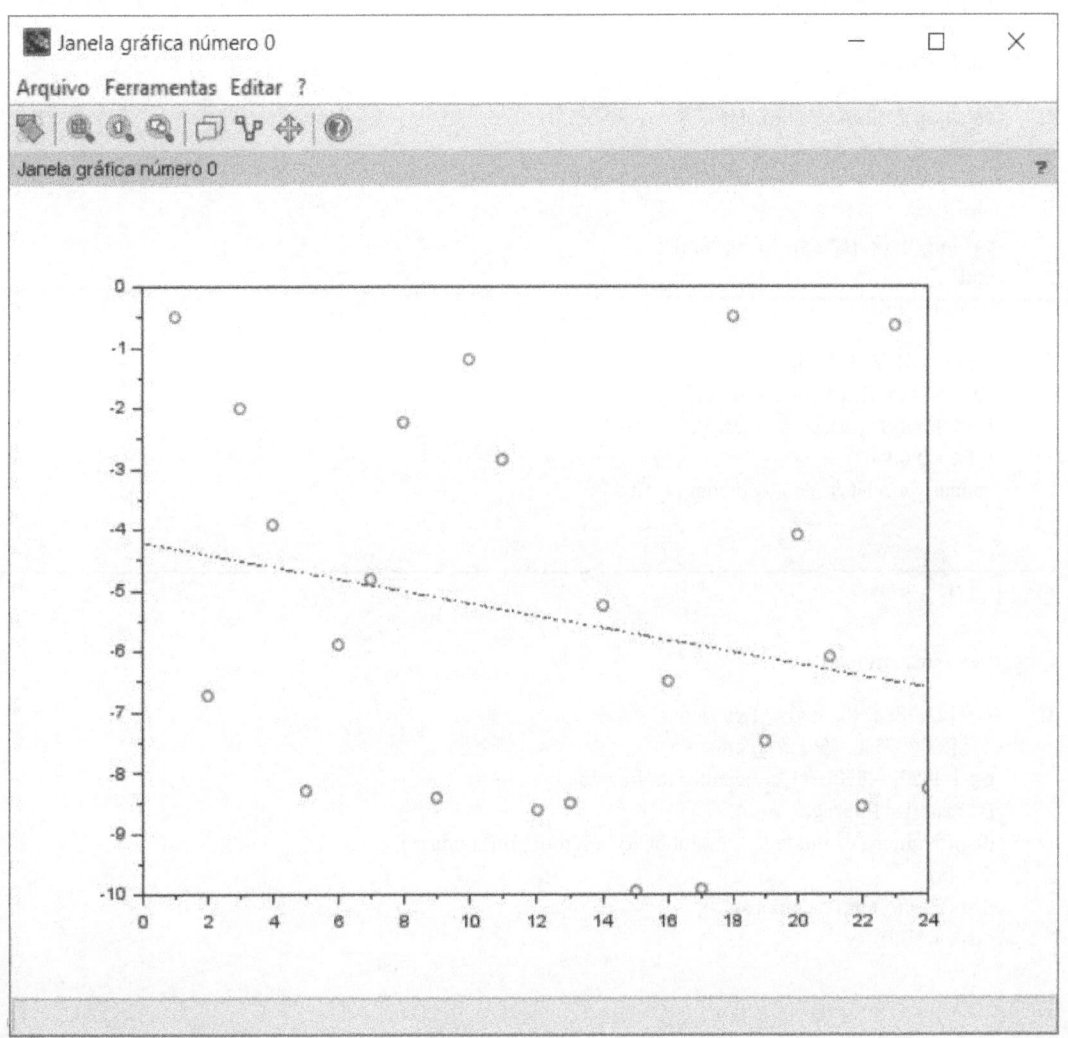

2) ```
function [a,b,f_x]=Calculo(x, y)
n = max(size(x));
plot(x,y,'ro')
xy = x.*y;
x2 = x.^2;
y2 = y.^2;
SomaX = sum(x);
SomaY = sum(y);
SomaXY = sum(xy);
SomaX2 = sum(x2);
SomaY2 = sum(y2);
a = (n*SomaXY-SomaX*SomaY)/(n*SomaX2-SomaX^2);
b = (SomaY*SomaX2-SomaX*SomaXY)/(n*SomaX2-SomaX^2);
xlinha = linspace(0,n,1000);
f_x = a.*xlinha+b;
plot(xlinha,f_x,':')
```

3) ```
function y=func_exp(t)
y=exp(-t^2);
endfunction
function result=func_erro(z)
result=2/sqrt(%pi)*intg(0,z,func_exp);
endfunction
```

4) ```
function y = func_gamma(x)
if x <= 0
error('A função gamma está definida apenas para valores positivos.');
else
y = intg('t^(x–1) * exp(-t)', 0, %inf);
end
endfunction
```

5) ```
meses = [1, 2, 3, 4, 5];
vendas = [5, 11, 23, 30, 35, 46, 63];
coef = polyfit(meses, vendas, 1);
t_fit = 0:0.1:7;
vendas_previstas = polyval(coef , t_fit);
```

CAPÍTULO 5

Questões para revisão

1) ```
A = [22, 18; 8, 10; 3, 4]; // Restrições
b = [5536; 7536; 556]; // Recursos
c = [–1550; –1870]; // Coeficientes da função objetivo
[x, result] = linprog(c, A, b);
disp('Número de unidades de MobbCity a serem produzidas:');
disp(x);
disp('Lucro total da empresa:');
disp(-result);
```
```

2)
- Nas células A1 e A2, insira "x" e "y" para representar a quantidade de parafusos dos tipos A e B a serem produzidos.
- Nas células B1 e B2, insira os coeficientes de lucro para cada peça: R$ 5,00 e R$ 7,00.
- Nas células B4 e B5, coloque os quantitativos de material: 30 g de níquel e 25 g de ferro para o tipo A, e 40 g de níquel e 55 g de ferro para o tipo B.
- Nas células B7 e B8, digite os recursos disponíveis: níquel (900 g) e ferro (1000 g).
- Na célula C1, insira a fórmula: C1: =B1*x + B2*y.
- Na célula C4, insira a fórmula para utilização de níquel: C4: =30*x + 40*y.
- Na célula C5, insira a fórmula para utilização de ferro: C5: =25*x + 55*y.
- Configure as restrições na célula C7:=30*x + 40*y <= 900.
- Configure as restrições na célula C8: =25*x + 55*y <= 1000.
- No menu superior, clique em "Ferramentas" e selecione "Solver".
- Dentro do ambiente do Solver, configure:
  > Célula objetivo: C1
  > Tipo: Maximizar
  > Variáveis de decisão: $A$1:$A$2
  > Restrições: $C$4:$C$5, $C$7:$C$8
  > Execute o Solver e aguarde.
- Nas células A1 e A2, você verá as quantidades de cada tipo de parafuso.

3)
A = [2 2; 8 9; 4 3; 7 9]; // Restrições
b = [235; 826; 624; 786]; // Recursos
c = [–300; –200]; // Coeficientes função objetivo
[x, result] = linprog(c, A, b);
disp('Número de pares de tênis modelo Jordon:');
disp(x(1));
disp('Número de pares de tênis modelo Véns:');
disp(x(2));
disp('Lucro total:');
disp(-result);

4)
- Nas células A1 e A2, insira "x" e "y" para representar os modelos Jordon e Véns a serem produzidos
- Nas células B1 e B2, insira os coeficientes de lucro: R$ 300,00 para Jordon e R$ 200,00 para Véns.
- Nas células de B4 a E4 (na coluna 4), digite:
  > B4: 2
  > C4: 8
  > D4: 4
  > E4: 7
- Nas células de B5 a E5 (na coluna 5), insira a disponibilidade de recursos em estoque:
  > B5: 235
  > C5: 826
  > D5: 624
  > E5: 786
- Na célula G1, insira a seguinte fórmula: G1: =B1*x + B2*y (lucro total).
- Nas células de G4 a G7 (na linha G), insira as fórmulas de restrições:
  > G4: =B4*x + C4*y <= B5
  > G5: =C4*x + D4*y <= C5
  > G6: =D4*x + E4*y <= D5
  > G7: =E4*x + F4*y <= E5
- Selecione "Ferramentas" no menu e escolha a opção "Solver".
- No ambiente do Solver, configure:

› Célula objetivo: G1
  › Tipo: Maximizar
  › Variáveis de decisão: $A$1:$A$2
  › Restrições: $G$4:$G$7
  • Clique em "Resolver" e, em seguida, em "OK" para confirmar a solução encontrada.
  As células H1 e H2 apresentarão os resultados.

5) F = [1, 2]; //Restrições
g = 20; // Limite de tempo da máquina
m = [–200; –300]; // Coeficientes da função objetivo
[x, result] = linprog(m, F, g); // usa linprog()
disp('Número de unidades de ABA a serem produzidas:');
disp(x);
disp('Número de unidades de BAB a serem produzidas:');
disp(y);
disp('Lucro total:');
disp(-result); // Negativo pois estamos maximizando o lucro

CAPÍTULO 6

Questões para revisão

1)
- Abra o LibreOffice™ Calc.
- Selecione uma célula – A1 por exemplo.
- Digite a fórmula "=RAND()" e pressione "Enter".
- Arraste a célula A1 até a célula A10.
- Selecione a coluna A inteira e a copie.
- Cole a coluna copiada, por 10 vezes, nas colunas seguintes.
- Clique em "Arquivo" no menu superior do LibreOffice™ Calc.
- Selecione "Salvar Como".
- Escolha o local, escolha um nome e coloque a extensão ".csv".
- No terminal do SciLab™:
  › Defina uma variável com o caminho para o arquivo ".csv": caminho = 'diretorio1/diretorio2/tabela.csv';
  › Use a função csvRead: valores = csvRead(caminho);
  › Mostrar dados: disp(valores);

2) =TAXA(96; –256; 0; 27800; 0)

3) =TAXA(120; –400; –200; 30800)

4)
- Abra o LibreOffice™ Calc e insira o valor "R$ 200.000" na célula A1.
- Na célula A2, digite a taxa de juros anual: "0,073" decimal.
- Na célula A3, digite o período de tempo: "20 anos".
- Na célula A4, digite a seguinte fórmula para o montante final: =A1 * (1 + A2)^A3

5)
- Abra o LibreOffice™ Calc e insira o valor "R$ 120.000" na célula A1.
- Na célula A2, digite a taxa de juros mensal: "0,0063" decimal.
- Na célula A3, digite o período de tempo: "360 meses".
- Na célula A4, digite a seguinte fórmula para o montante final: =A1 * (1 + A2)^A3

Sobre o autor

Felipe Gabriel de Mello Elias é mestre (2011) e doutor (2021) em Engenharia Elétrica – Sistemas de Telecomunicações pela Universidade Federal do Paraná (UFPR); especialista (2019) em Gestão de Organizações Públicas pela mesma instituição; e graduado (2009) em Engenharia Elétrica, com ênfase em Eletrônica e Telecomunicações, também pela UFPR. Já atuou como analista de sistemas no Centro Internacional de Tecnologia de Software (Cits) e como engenheiro eletrônico e engenheiro de produto na Positivo Informática. Ministrou docência presencial e de ensino a distância (EaD) para os cursos de várias engenharias e de Análise de Sistemas em instituições de ensino superior. Trabalhou como engenheiro no Exército Brasileiro, desenvolvendo projetos de sistemas de telecomunicações, instalações elétricas, implantação e controle de sistemas de energia para sala de servidores e processos de aquisição de equipamentos de tecnologia da informação e comunicação (TIC). Atualmente, é professor tutor para os cursos de Engenharias em graduações EaD da Pontifícia Universidade Católica do Paraná (PUCPR).

Os papéis utilizados neste livro, certificados por instituições ambientais competentes, são recicláveis, provenientes de fontes renováveis e, portanto, um meio responsável e natural de informação e conhecimento.

Impressão: Reproset